UTB **2818**

Eine Arbeitsgemeinschaft der Verlage

Beltz Verlag Weinheim · Basel
Böhlau Verlag Köln · Weimar · Wien
Wilhelm Fink Verlag München
A. Francke Verlag Tübingen und Basel
Haupt Verlag Bern · Stuttgart · Wien
Lucius & Lucius Verlagsgesellschaft Stuttgart
Mohr Siebeck Tübingen
C. F. Müller Verlag Heidelberg
Ernst Reinhardt Verlag München und Basel
Ferdinand Schöningh Verlag Paderborn · München · Wien · Zürich
Eugen Ulmer Verlag Stuttgart
UVK Verlagsgesellschaft Konstanz
Vandenhoeck & Ruprecht Göttingen
vdf Hochschulverlag AG an der ETH Zürich
Verlag Barbara Budrich Opladen · Farmington Hills
Verlag Recht und Wirtschaft Frankfurt am Main
WUV Facultas Wien

NORBERT FRANCK / JOACHIM STARY

Gekonnt visualisieren

Medien wirksam einsetzen

FERDINAND SCHÖNINGH

PADERBORN · MÜNCHEN · WIEN · ZÜRICH

Dr. *Norbert Franck* leitet in Berlin die Presse- und Öffentlichkeitsarbeit eines Um-weltverbandes. Er ist Lehrbeauftragter an der Universität Osnabrück und unter-richtet in der wissenschaftlichen Weiterbildung und Erwachsenenbildung. Veröf-fentlichungen u.a. zu den Themen Kommunikation, Rhetorik, Schreiben.

Dr. *Joachim Stary* ist Leiter der „Pädagogischen Werkstatt" der Freien Universi-tät Berlin. Zahlreiche Veröffentlichungen zur Hochschuldidaktik und Wissen-schaftspropädeutik.

Bibliografische Information Der Deutschen Nationalbibliothek

Die Deutsche Nationalbibliothek verzeichnet diese Publikation in der Deutschen Nationalbibliografie; detaillierte bibliografische Daten sind im Internet über http: //dnb.d-nb.de abrufbar.

Gedruckt auf umweltfreundlichem, chlorfrei gebleichtem Papier.

© 2006 Verlag Ferdinand Schöningh, Paderborn
(Verlag Ferdinand Schöningh GmbH, Jühenplatz 1, D-33098 Paderborn)
ISBN 3-506-75656-7

Internet: www.schoeningh.de

Printed in Germany.
Herstellung: Ferdinand Schöningh, Paderborn
Einbandgestaltung: Atelier Reichert, Stuttgart

UTB-Bestellnummer: ISBN 3-8252-2818-7

Inhaltsverzeichnis

Einleitung

„Man muss etwas zu sagen haben, wenn man reden will." Meinte Goethe. „Haben Sie PowerPoint oder etwas zu sagen?" – lautet die Überschrift eines Artikels in einer Tageszeitung, in dem über die Folgen des Triumphzugs von PowerPoint und Beamer durch Kongress- und Tagungsräume, durch Hörsäle und Seminare berichtet wird.

In dieser Frage wird unterstellt, wer mit PowerPoint arbeite, habe nichts zu sagen. Das ist starker Tobak. Doch diese Übertreibung greift ein wachsendes Unbehagen auf: Es wird viel Folie um Nichts gemacht; es werden viele Folien statt strukturierter und pointierter Aussagen präsentiert. Der Referent, die Studentin konzentrieren sich auf die Erstellung einer Power-Point-Präsentation und nicht auf das, was warum in welcher Reihenfolge gesagt und mit welchen Argumenten und Beispielen belegt bzw. verdeutlicht werden soll. Der Medieneinsatz ist Selbstzweck. Das Medium wird zur Message.

Kritik an dieser Entwicklung ist nicht zu verstehen als Plädoyer, sich bei Vorträgen, Referaten oder der Vorstellung von Projekten und Planungen allein auf das gesprochene Wort zu beschränken. Wir stimmen nicht in die kulturkritischen Klagen über die zunehmende Bilderflut ein.

Die Tatsache, dass inzwischen manche die Augen verdrehen, wenn ein Referent seinen Rechner an einen Beamer anschließt, die Tatsache, dass in manchen Fachbereichen – zum Beispiel Wirtschaftswissenschaften – die PowerPoint-Präsentation zwar zum „guten Ton" gehört, aber die Funktion von Medien und des Visualisierens im Rahmen eines Vortrags bzw. Referats Studierenden nicht vermittelt wird, die Tatsache, dass in vielen beruflichen Zusammenhängen – vorzugsweise in der Werbung – selbst die schlichtesten Sätze auf Folie präsentiert werden, die Tatsache, dass also mit der technischen Ausstattung eines Rechners nicht die Kompetenz zunimmt, einen Sachverhalt angemessen ins Bild zu setzen – all dies sind keine Argumente gegen das Visualisieren und den Einsatz von Medien. Vielmehr unterstreichen diese Tatsachen die Notwendigkeit sich damit vertraut zu machen, wie man *gekonnt* visualisiert und Medien *gezielt* einsetzt.

Wir wollen die Leserinnen und Leser, die bisher keine oder nur wenig Erfahrungen im Visualisieren und dem Einsatz von Medien haben, ermutigen, ihre Vorträge und Referate sach- und adressatengerecht ins Bild zu setzen.

Wir wollen die Leserinnen und Leser, für die der Medieneinsatz mehr oder minder Routine ist, ermuntern, ihre Praxis zu optimieren.

Wir vermitteln das Know-how, das notwendig ist, um zum Beispiel

- als Studentin Referate durch Medien zu unterstützen;
- als Lehrender Seminare, Vorlesungen und Kurse durch Visualisierungen interessanter und anschaulicher zu machen;
- als Wissenschaftlerin auf Kongressen und Tagungen einen Vortrag professionell ins Bild zu setzen oder ein Poster zu präsentieren, das sich sehen lassen kann;
- als (young) Professional Arbeitsvorhaben, Projektergebnisse, Analysen und Planungen überzeugend präsentieren zu können.

Aus diesem Anwendungsbezug ergibt sich unsere Schwerpunktsetzung. Wir gehen zunächst den Fragen nach, was warum visualisiert werden kann und visualisiert werden sollte (Kapitel 1 und 2).

Vorträge und Referate sind kein Nachweis technischer Kompetenz. Sie sollen vielmehr belegen, dass man inhaltlich etwas zu sagen hat. Bei einem Referat steht das Thema im Vordergrund. An zweiter Stelle steht der Referierende bzw. die Vortragende. Erkenntnisse, Aussagen, Thesen oder Beispiele können beeindrucken, Menschen können überzeugen – technische Hilfsmittel nicht. Verschwinden Thema und Referent „hinter" den Medien, werden Sinn und Zweck eines Vortrags verfehlt. Kurz: Der Einsatz moderner Medien macht noch keinen guten Vortrag, ergibt noch kein interessantes Referat. Die Grundregel des Medieneinsatzes lautet daher: Inhalte zuerst. Zunächst ist zu klären, was gesagt und wie ein Vortrag aufgebaut werden soll. Erst dann, wenn die Kernbestandteile zu Papier gebracht sind, geht es um die Frage, ob und wie Aussagen, Daten, Fakten, Beispiele und Belege visualisiert werden können. Deshalb steht im dritten Kapitel die Frage im Mittelpunkt, was einen guten Vortrag, ein gelungenes Referat ausmacht, und wie der Einsatz von Medien zum Erfolg eines Vortrags bzw. Referats beitragen kann.

Tafel und Flipchart, Overhead-Projektor, Poster, Beamer, Copy- und interaktives Whiteboard – im vierten Kapitel erläutern wir, welche Medien für welchen Zweck geeignet sind und was zu beachten ist, damit diese Medien ihren Zweck erfüllen.

Im fünften Kapitel geht es zunächst um die Gestaltungselemente Farbe, Schrift und grundlegende wahrnehmungspsychologisch begründete Regeln des Visualisierens, um „Gestalt-Gesetze". Den Einsatz von Farbe und Schrift, die Relevanz der „Gestalt-Gesetze" für das Visualisieren konkretisieren wir dann am Beispiel der Foliengestaltung.

Im letzten Kapitel übertragen wir unsere Hinweise und Empfehlungen auf das Visualisieren und Präsentieren mit Power-Point.

Wir gehen also nicht auf das gesamte Feld des Visualisierens ein. Unser Bezugspunkt ist stets das Reden vor anderen, das Referat, der Vortrag, die Lehre (wir scheuen den Ausdruck „Präsentation", weil er mit der „werblichen Vorführung" konnotiert ist).

Wir konzentrieren uns auf die Perspektive how-to-do-it. Nicht jede Anregung und Empfehlung ist empirisch abgesichert. „Visualisieren" ist Gegenstand zahlreicher Wissenschaftsdisziplinen – zum Beispiel der Wahrnehmungs- und Lernpsychologie, der Medien- und Kunstwissenschaften, der in Mode gekommenen „Cognitive Science"-Richtungen. Seit einigen Jahren gibt es Bemühungen, eine „Bildwissenschaft" zu etablieren. In der freien Enzyklopädie „Wikipedia" sind dazu interessante Beiträge und viele Literaturhinweise zu finden.[1]

Wir visualisieren (und erleiden Visualisierungen) in unterschiedlichen beruflichen Zusammenhängen. Unsere unterschiedlichen Erfahrungen und Perspektiven schlagen sich in den Erläuterungen und Beispielen nieder; sie prägen auch den Schreibstil. Wir haben unsere unterschiedlichen Schreibzugänge und Formulierungsvorlieben nicht geglättet.

Auf eine Entscheidung, die wir und unser Lektor getroffen haben, möchten wir noch hinweisen: Wir hätten gerne unsere

---

[1] http://de.wikipedia.org/

rund siebzig Abbildungen in Farbe gebracht. Die Umsetzung dieses Wunsches hätte den Preis des Buchs enorm nach oben getrieben. Vor allem mit Blick auf das schmale Budget der meisten Studierenden entschieden wir uns für Schwarz-Weiß-Abbildungen.

Berlin, September 2006   Norbert Franck, Joachim Stary

1 Warum und wozu visualisieren?

Wenn die Bundeskanzlerin eine Regierungserklärung abgibt, wenn sich der US-Präsident mit einer Ansprache an die amerikanische Nation wendet, wenn eine berühmte Filmschauspielerin auf der Berlinale über den europäischen Film spricht – dann legen sie keine Folien auf und setzen keinen Beamer ein.

Wer prominent ist, kann bei einem Vortrag mit großem Interesse des Publikums rechnen. Wer über Wege zum Reichtum, zur ewigen Gesundheit oder ein anderes Thema spricht, das (fast) alle interessiert, kann auf aufmerksame Zuhörerinnen und Zuhörer setzen. Wer ohne Vorschusslorbeeren referiert, wer einen Vortrag über ein weniger aufmerksamkeitsstarkes Thema hält, sollte strukturiert, verständlich und anschaulich sprechen – und Medien einsetzen, um Zusammenhänge und Hintergründe, wichtige Daten und Fakten zu visualisieren.[1]

Ein Bild sagt mehr als tausend Worte. Sagt man. Das nebenstehende Zeichen (Abbildung 1) sagt den meisten Menschen nichts. Es bedarf zur Erklärung nicht tausend, aber einiger Worte: Dieses Symbol steht in Landkarten für „Nadelwald". Man kann mit wenigen Zeichen auch viel Verwirrung stiften (Abbildung 2). Und die Visualisierung des ersten Satzes dieses Abschnitts (Abbildung 3) ist überflüssig, weil sie nicht mehr sagt als die sieben Wörter, aber erheblich mehr Arbeit macht.

Abbildung 1: Symbol für „Nadelwald"

Ob ein Bild einem Betrachter oder einer Betrachterin etwas sagt, hängt zum einen von deren Zeichenvorrat ab, von der Fähigkeit, ein Bild „lesen" zu können. Zum anderen davon, ob das Bild das leistet, was es leisten soll, ob es tatsächlich etwas sagt oder – wie Abbildung 1 und 2 – Rätsel aufgibt.

---

1 Wenn wir auf den folgenden Seiten von *Bildern* oder *Visualisierungen* sprechen, so verstehen wir darunter alle nicht-schriftsprachlichen Zeichen (ikonische und symbolische Zeichen). Etwas zu visualisieren heißt für uns, einen Sachverhalt ausschließlich oder mit Hilfe ikonischer und/oder symbolischer Zeichen darzustellen.

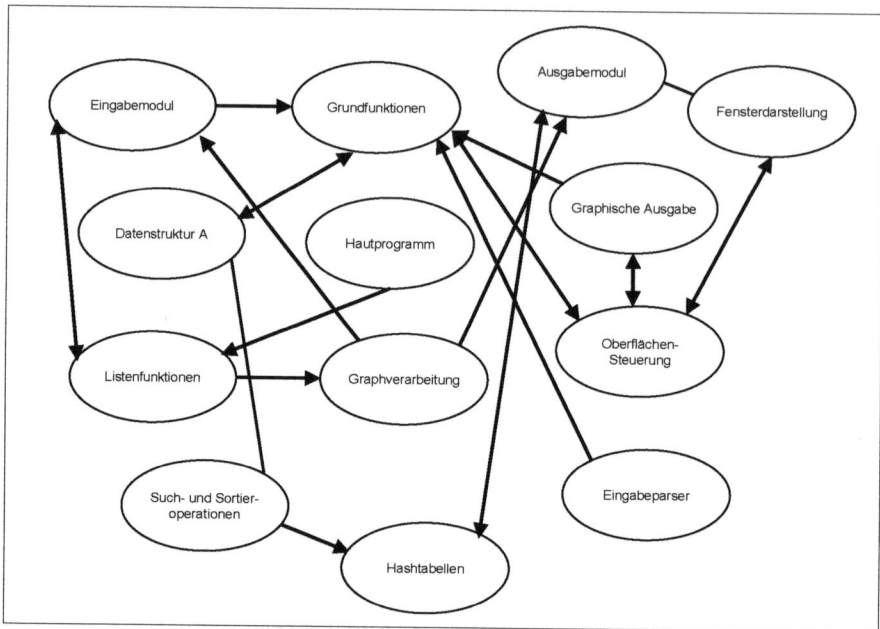

Abbildung 2: Konfusion statt Information

Abbildung 3: Überflüssige Visualisierung

Was können und was sollen Bilder leisten? Warum und wozu sollte man im Unterricht und in der Lehre, auf Kongressen und Tagungen, bei Arbeitsbesprechungen oder Planungssitzungen visualisieren?

Ein Bild sagt nicht immer mehr als tausend Worte, aber es kann häufig bessere Dienste leisten als viele Worte. Bilder können die *Aufmerksamkeit* der Zuhörerinnen und Zuhörer *wecken* und aufrechterhalten; sie können das *Verstehen* komplizierter Sachverhalte *unterstützen*; sie können das *Behalten erleichtern* – und mehr.

1.1 Aufmerksamkeit wecken

Wenn wir eine Zeitschrift aufschlagen, eine Web-Page oder eine Folie anschauen, geht unser Blick zuerst zum Bild. Bilder lenken die Aufmerksamkeit. Sie machen neugierig. Sie können zum Nachdenken anregen, erheitern oder Betroffenheit auslösen. Drei Beispiele:

Abbildung 4: Politik-Inszenierung. (Der Hessische Ministerpräsident Roland Koch auf dem „Drillingstreffen")

1. Ein Referat über das Verhältnis von Medien und Politik, ein Vortrag über die Inszenierung von Politik wird mit einigen Bildern veranschaulicht, die eine sinnliche Vorstellung von inszenierter Politik (Abbildung 4) bzw. dem Verhältnis von Medien und Politik vermitteln (Abbildung 5).

Abbildung 5: Joschka Fischer, ehemaliger Außenminister, brieft Journalisten in einem Airbus

Abbildung 6: Karikatur für einen Unterrichtseinstieg

Halb voll? Halb leer?

2. Ein Vortrag über den Unterricht in unseren Schulen, über die klassische Frage, lernen Schülerinnen und Schüler fürs Leben oder für die Schule, wird mit einer Karikatur von Marie Marcks eröffnet (Abbildung 6), ein Referat über Wahrnehmungsmuster mit einem Bild, das zeigt, wie unterschiedlich ein Objekt wahrgenommen werden kann (Abbildung 7).

Abbildung 7:
Bild für einen Vortragseinstieg

3. Es befriedigt die Neugier der Zuhörerinnen und Zuhörer, wenn sie die Personen sehen, über die gesprochen wird. Deshalb bietet es sich zum Beispiel an, ein Referat über die Instrumentalisierung des Sports durch die Politik mit einem Bild zu unterstützen, das zentrale Akteure zeigt (Abbildung 8).

Abbildung 8: Otto Schily und Franz Beckenbauer starten auf der CeBIT die Web-Page der Bundesregierung zur Fußballweltmeisterschaft 2006

Das dritte Beispiel muss präzisiert und ergänzt werden. Die Präzisierung: Auf einem Soziologenkongress würde man sich blamieren, wenn man einen Vortrag über systemtheoretische Ansätze mit Bildern von Luhmann oder anderen prominenten Vertretern dieser soziologischen Richtung begleiten würde. In einem Einführungsseminar über die verschiedenen Strömungen der Sozialwissenschaft fänden die meisten Studierende solche Bilder gut. Allgemeiner: Bilder müssen situationsangemessen – und das heißt vor allem: adressatenorientiert – eingesetzt werden.

Die Ergänzung. *Adressatenorientierung* heißt auch: das Alter der Zuhörerinnen und Zuhörer zu bedenken. Wer 2006 ein Studium beginnt, kennt zum Beispiel Angela Merkel und Joseph Fischer, hat aber viele Mitglieder des ersten Kabinetts von Gerhard Schröder nicht bewusst miterlebt.

1.2 Das Verstehen unterstützen, das Behalten erleichtern

Visualisierungen können die Orientierung und den Durchblick erleichtern und damit das Verstehen unterstützen. Die Bildsprache kann zudem dazu beitragen, dass Vorgänge und Sachverhalte besser im Gedächtnis haften bleiben.

Orientierung erleichtern

Die Abbildungen 9 und 10 (Seite 17) vermitteln auf einen Blick eine Vorstellung vom Ganzen. Solche Darstellungen erleichtern das Verständnis von Zusammenhängen, die in einem Vortrag oder Referat nur nach und nach entwickelt werden können.

Durchblick erleichtern

Visualisierungen sind dann besonders hilfreich, wenn es um die Erläuterung von Sachverhalten geht, die sich über die sinnliche Wahrnehmung nicht erschließen. Zwei Beispiele (Abbildung 11 und 12, Seite 17).

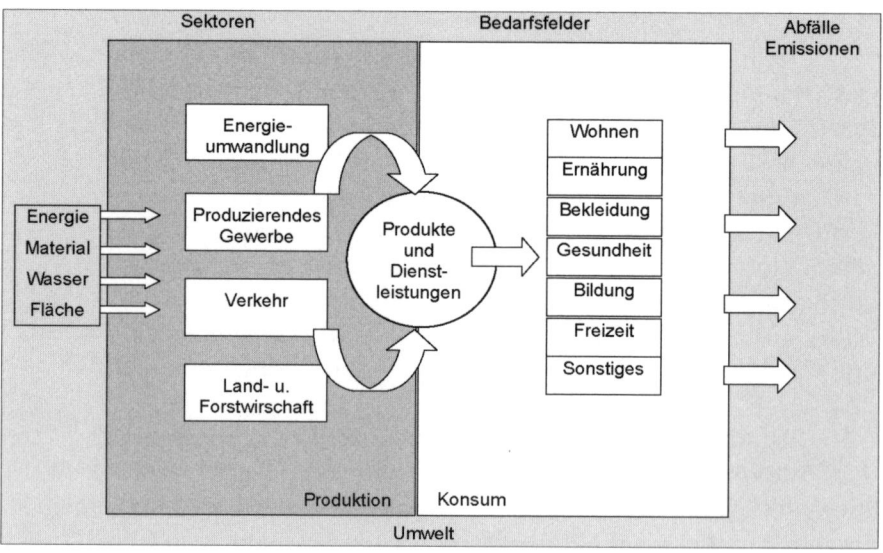

Abbildung 9: Umweltbelastungsmodell

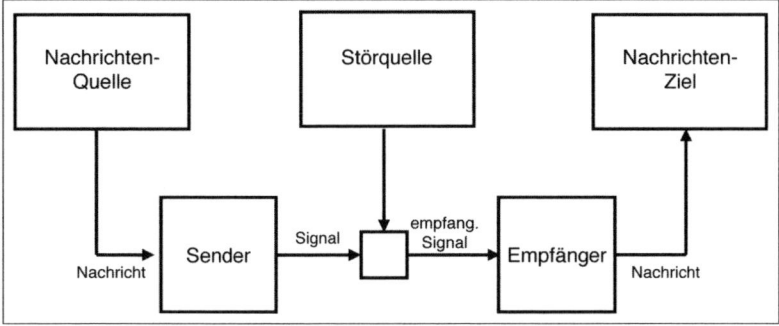

Abbildung 10: Das Kommunikationsmodell von Claude E. Shannon und Warren Weaver

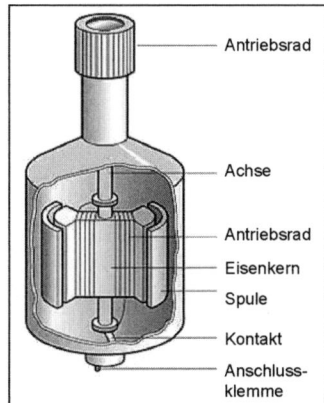

Abbildung 11: Wie funktioniert ein Dynamo?

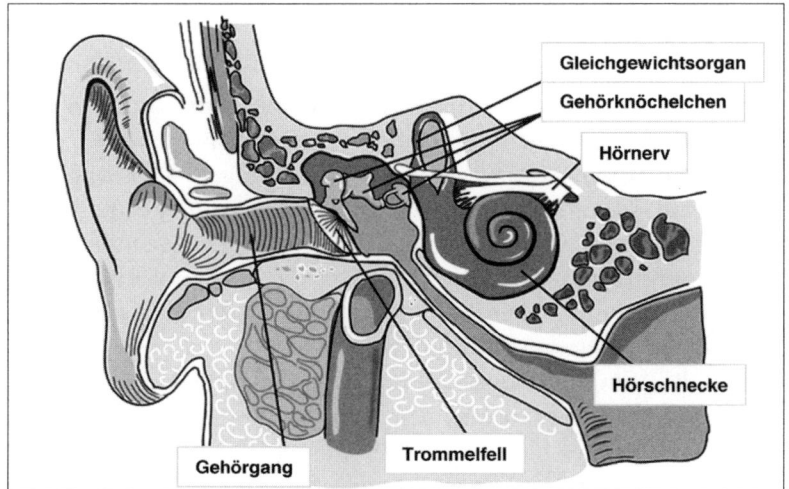

Abbildung 12: Wie ist das menschliche Ohr aufgebaut?

Das Behalten erleichtern

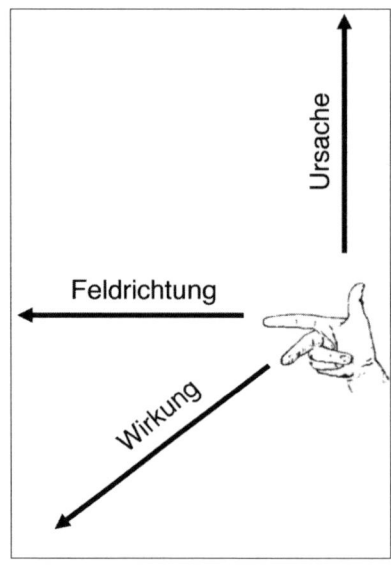

Abbildung 13:
Visualisierung als Gedächtnisstütze:
Die „Drei-Finger-Regel"

Die Verknüpfung von Wort und Bild erleichtert das Behalten, weil zwei Lern-„Kanäle" angesprochen werden: das Ohr und das Auge. Der Behaltenseffekt wird noch verstärkt, wenn ein Bild eine emotionale Reaktion auslöst. Auch deshalb empfehlen wir, Bilder statt Zahlen oder Diagramme einzusetzen, wenn dies sinnvoll möglich ist (vgl. Seite 34).

Von den Voraussetzungen der Zuhörenden hängt es ab, ob Visualisierungen primär der Motivierung dienen oder in erster Linie dazu, das Verstehen zu erleichtern. Als Faustregel formuliert: Je mehr die Zuhörerinnen und Zuhörer mit einem Thema vertraut sind, um so mehr gewinnt die Motivationsfunktion von Bildern an Bedeutung.

1.3 Kommunikation fördern

Viel reden und wenig erreichen. Diese Situation kennzeichnet nicht nur die meisten TV-Talkshows, sondern auch viele Teamsitzungen, Seminare und Arbeitsbesprechungen: Der Diskussionsverlauf ist nicht transparent. Manche reden gerne lange, andere kommen überhaupt nicht zu Wort. Häufig findet nicht das bessere Argument Gehör, sondern die höhere Position oder die lautere Stimme. Wiederholungen sind an der Tagesordnung, (Zwischen-)Ergebnisse selten.

Visualisierungen können helfen, eine Diskussion oder Besprechung zu strukturieren und damit die Entscheidungsfindung zu optimieren. Bilder können dazu beitragen, dass möglichst viele Personen an der Meinungsbildung bzw. Problemlösung beteiligt werden.

1.4 Handlungen steuern

Wollte man ein Regal aus dem Möbelhaus mit dem Elch nach einer Bedienungsanleitung ohne Zeichnung aufbauen oder sollte man nur mit Worten erklären, wie eine Krawatte gebunden wird – man käme in große Schwierigkeiten: Visualisierungen sind nützlich, um zu zeigen, wie man eine Handlung ausführt. Vergleichen Sie die folgenden neun Zeilen und Abbildung 14:

„Bilden Sie eine kleine Schlinge etwa zwei Fuß vom unteren Ende eines Taues, indem Sie das untere Teil des Taues auf das obere Teil legen. Bilden Sie dann eine größere Schlinge, indem Sie das untere Ende des Taues hinter die kleine Schlinge zurückführen. Nun stecken Sie das untere Tauende von hinten nach vorn durch die kleine Schlinge und stecken das Endstück wieder zurück durch die kleine Schlinge. Dann die kleine Schlinge anziehen, den Knoten dabei halten und an dem oberen Tauende fest ziehen."

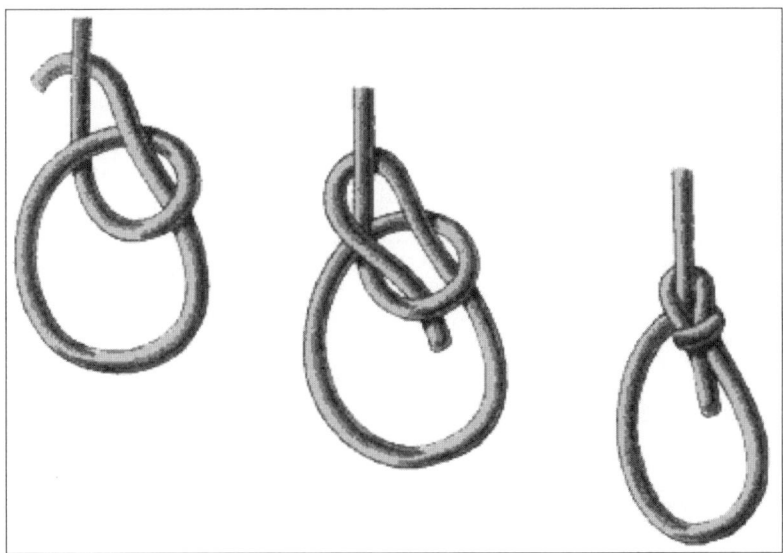

Abbildung 14: Handlungsanleitung

Es gibt Rednerinnen und Redner, die *sich* stundenlang zuhören können. Wenn Sie möchten, dass die *Zuhörerinnen und Zuhörer*

- Ihnen interessiert zuhören,
- zum Nachdenken angeregt werden,
- etwas lernen oder
- sich für Ihr Projekt, Vorhaben oder Produkt begeistern,

dann sollten Sie vor einem Vortrag bzw. Referat, vor einer Rede oder Präsentation prüfen, ob die Visualisierung von Daten und Fakten, von Informationen und Zusammenhängen dabei helfen kann.

Fazit: Visualisieren hilft Ihnen,
- Aufmerksamkeit zu wecken und aufrecht zu erhalten,
- Ihre Argumente verständlich zu präsentieren,
- Zusammenhänge deutlich zu machen,
- Ihre Kernaussagen hervorzuheben,
- Ihre zentrale Botschaften beim Publikum nachhaltig zu verankern,
- Ihren Redeaufwand zu reduzieren.

2 Was visualisieren?

Alle, die einen langweiligen Dia-Abend erlitten haben, wissen: Klasse geht vor Masse. Nicht alles kann und sollte ins Bild gesetzt werden. Was lässt sich sinnvoll visualisieren? Wir zeigen, wie Sie

- Zahlen,
- Strukturen und Zusammenhänge und
- Abläufe

gekonnt ins Bild setzen können.

2.1 Zahlen

Zahlen können durch Tabellen oder Diagramme überschaubar gemacht bzw. veranschaulicht werden.

Tabellen

Tabellen sind ein Mittel zur übersichtlichen Präsentation von Ergebnissen – wenn sie maßvoll eingesetzt werden und folgende Voraussetzungen erfüllen:

- sinnvolle Anordnung,
- Klarheit und
- Konzentration

Tabelle 1 (Seite 22) ist ein Beispiel für eine missglückte Anordnung von Zahlen. Zum einen sind Spalten und Zeilen falsch gewählt: Das Vergleichen von Zahlen wird erschwert, wenn sie nebeneinander statt untereinander stehen. Zum anderen macht die alphabetische Anordnung der Länder die Tabelle zu einem Zahlenfriedhof.

Worum geht bei diesen Zahlen? Um einen Überblick, welche Staaten viele und welche wenige Frauen in das europäische Parlament entsenden. Das wird mit einer sinnvollen Anordnung der Daten problemlos deutlich (Tabelle 2, Seite 23).

Tabelle 1: Weibliche Europa-Abgeordnete 2005 – misslungene Übersicht

Land	Belgien	Tschechische Republik	Dänemark	Deutschland	Estland	Finnland	Frankreich	Griechenland	Großbritannien	EU Gesamt
Frauen	7	5	5	31	2	5	34	7	19	
Prozent	29,2	20,8	35,7	31,3	33,3	35,7	43,6	29,2	24,3	
Land	Irland	Italien	Zypern	Lettland	Litauen	Lux-emburg	Malta	Nieder-lande	Öster-reich	
Frauen	5	15	0	2	5	3	0	12	7	
Prozent	38,5	19,2	0	22,2	38,5	50,0	0	44,4	38,8	
Land	Polen	Portugal	Slowenien	Slowakei	Schweden	Spanien	Ungarn			
Frauen	7	6	3	5	11	18	8			222
Prozent	13,0	25,0	42,9	35,7	57,9	33,3	33,3			30,3

Schlusslichter Malta und Zypern:
Weibliche Europa-Abgeordnete 2005

Land	Frauen	Prozent
Schweden	11	57,9
Luxemburg	3	50
Niederlande	12,	44,4
Frankreich	34	43,6
Slowenien	3	42,9
Österreich	7	38,8
Litauen	5	38,5
Irland	5	38,5
Finnland	5	35,7
Dänemark	5	35,7
Slowakei	5	35,7
Estland	2	33,3
Spanien	18	33,3
Ungarn	8	33,3
Deutschland	31	31,3
Griechenland	7	29,2
Belgien	7	29,2
Portugal	6	25,0
Großbritannien	19	24,3
Lettland	2	22,2
Tschechische Republik	5	20,8
Italien	15	19,2
Polen	7	13,0
Malta	0	0
Zypern	0	0
Insgesamt	**222**	**30,3**

Tabelle 2: Übersichtliche Darstellung

Zudem kann es nützlich sein hervorzuheben, in welchen Staaten der Frauenanteil im Europaparlament über bzw. unter dem Durchschnitt liegt (Tabelle 3).

Schlusslichter Malta und Zypern:
Weibliche Europa-Abgeordnete 2005

Land	Frauen	Prozent
Schweden	11	57,9
Luxemburg	3	50
Niederlande	12,	44,4
Frankreich	34	43,6
Deutschland	31	31,3
Durchschnitt		**30,3**
Griechenland	7	29,2
Belgien	7	29,2
Portugal	6	25,0
Großbritannien	19	24,3
Lettland	2	22,2
Tschechische Republik	5	20,8
Italien	15	19,2
Polen	7	13,0
Malta	0	0
Zypern	0	0

Tabelle 3: Deutliche Hervorhebung des Durchschnitts zur leichteren Orientierung

Im ersten Schritt sollte stets geprüft werden: Was ist die „Kernbotschaft"? Man kann – zum Beispiel – in einem Referat über Bündnis 90/Die Grünen für alle Bundesländer die Zahl der Mitglieder aufführen. Doch diese Angaben sind ohne Bezugsgröße wenig aussagekräftig. Ergänzt man sie zum Beispiel um die Information, wie viele Mitglieder Bündnis90/Die Grünen pro 10.000 Einwohner haben, ist dies schon aufschlussreicher (Tabelle 4).

Bündnis 90/Die Grünen: Mitglieder 2002

Bundesland	Mitglieder	Mitglieder pro 10.000 Einwohner
Nordrhein-Westfalen	9.728	5,3
Baden-Württemberg	6.722	6,3
Bayern	6.095	4,9
Niedersachsen	4.746	5,9
Hessen	3.929	6,5
Berlin	3.445	10,2
Rheinland-Pfalz	2.212	5,4
Schleswig-Holstein	1.416	5,0
Saarland	1.291	12,1
Hamburg	1.197	6,9
Bremen	510	7,7
Sachsen	854	2,0
Thüringen	442	1,8
Sachsen-Anhalt	422	1,7
Brandenburg	526	2,0
Mecklenburg-Vorpommern	260	1,5
Gesamt	**43.795**	**5,3**

Tabelle 4: Die Bezugsgröße „Mitglieder pro 10.000 Einwohner" macht die absoluten Zahlen aussagekräftig

Der nächste Schritt ist die Formulierung einer Kernaussage: Bündnis90/Die Grünen haben in den neuen Bundesländern deutlich weniger Mitglieder als in den alten. Abbildung 15 veranschaulicht diese Aussage und leitet zum Diagramm über.

Bündnis90/Die Grünen: Mitglieder 2002*

* pro 10 Tsd. Einwohner

6
Westdeutschland (einschl. Ost-Berlin)

1,8
Ostdeutschland

Abbildung 15:
Säulendiagramm

Zwei abschließende Hinweise:

- Keine Tabelle ohne Überschrift. In der Überschrift kann die Kernaussage hervorgehoben werden (vgl. Tabelle 2 und 3).
- Es muss nicht immer die Tabelle sein. Die Angaben über die Zahl der Mitglieder von Bündnis90/Die Grünen pro 10.000 Einwohner können zum Beispiel auch in eine Karte übertragen werden.

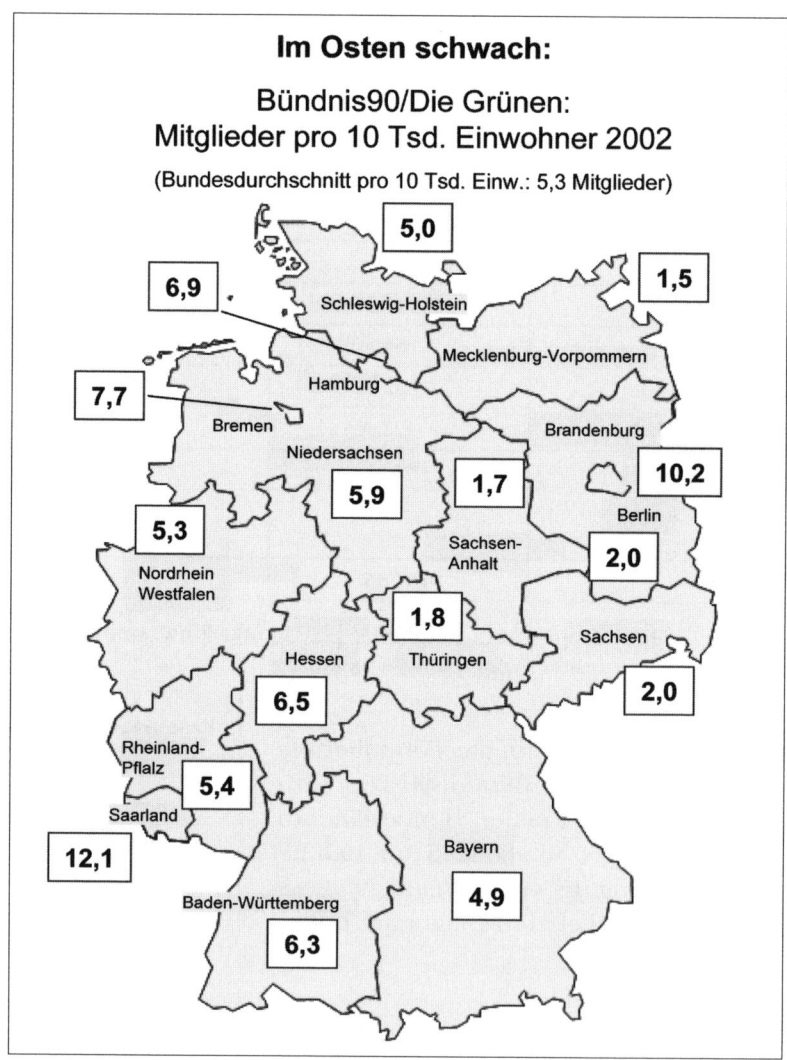

Abbildung 16: Karte statt Tabelle

Diagramme

Im Namen der Torte wurden schon viele Menschen gequält. Wenn an Wahlabenden Redakteuren der Stoff ausgeht, dann senden ARD und ZDF Kreis- und Balkendiagramme. Viele Manager handeln nach der Maxime: Ich habe zwar kein Konzept, aber viele Charts. Abteilungsleiter nerven Referentinnen und Referenten mit der Aufforderung, „bereiten Sie mir ein paar Charts vor, ich muss in der nächsten Woche über unser neues Marketing-Konzept referieren" – ohne sich zuvor Gedanken darüber zu machen, was sie mit welchem Ziel sagen wollen. Die Folge ist eine Tortenschlacht oder ein Balken-Overkill – keine vernünftige Präsentation. Zahlen sind nicht selbstredend, auch dann nicht, wenn sie als Diagramm präsentiert werden. Diagramme müssen eine Argumentation, ein Anliegen *unterstützen*; sie können Argumente und Konzepte nicht *ersetzen*.

Diagramme dienen dazu, Vergleiche anschaulich zu machen,
- Strukturen (die Zusammensetzung einer Grundgesamtheit),
- Rangfolgen (größer/kleiner, mehr/weniger),
- Veränderungen im Laufe der Zeit (Schwankungen, Ab- und Zunahmen),
- Häufigkeitsverteilungen,
- Korrelationen (Zusammen-
hänge zwischen Einflussgrö-
ßen) ins Bild zu setzen. Die
Matrix von Zelazny zeigt,
welcher Diagramm-Typ für
welchen Vergleich geeignet
ist (Abbildung 17).

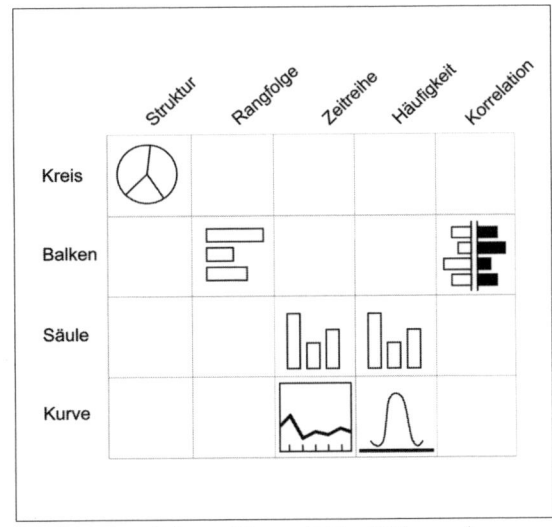

Abbildung 17: Diagramm-Typ und
Diagramm-Aussage

(Quelle: Gene Zelazny: Wie aus Zahlen Bilder werden.
Wiesbaden 1986, S. 27.)

Beim Übersetzen von Zahlen in Diagramme sind drei Regeln zu beachten:

- Diagramme müssen so beschaffen sein, dass die Betrachter über die *Informationen* nachdenken und nicht über die Diagramm-*Gestaltung*.
- Es wird *nur das gezeigt, was die Daten aussagen*.
- *Zusammenhänge* sind wichtiger als Einzelheiten.

Kreisdiagramm

Zur Darstellung von (Prozent-)*Anteilen* an einer Grundgesamtheit (100 %) eignet sich das Kreisdiagramm (Abbildung 18). Drei Gesichtspunkte sollten bei der Erstellung eines Kreisdiagramms beachtet werden:

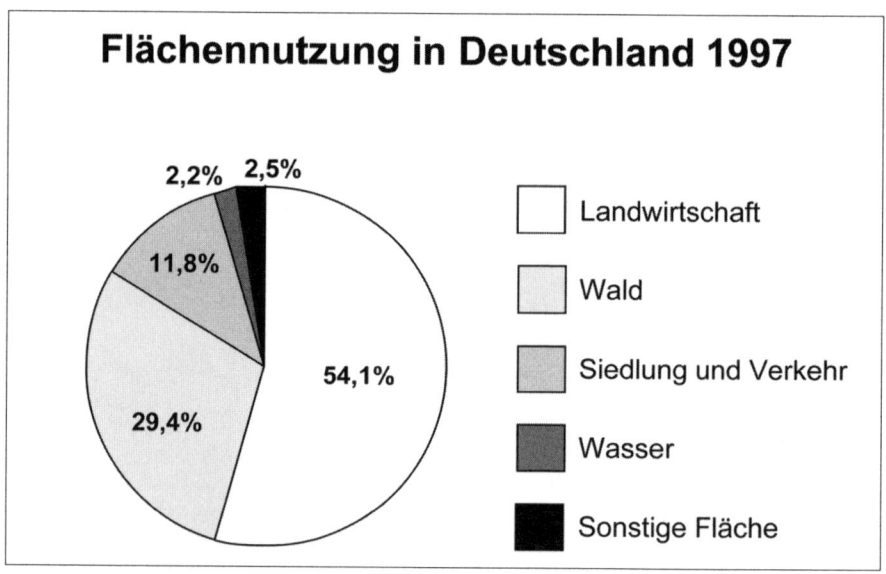

Abbildung 18: Kreisdiagramm

- Ein Kreisdiagramm sollte nicht mehr als sechs Werte enthalten, da sonst eine problemlose Orientierung nicht möglich ist.
- Die Kreis-Segmente werden – beginnend mit dem größten Wert – im Uhrzeigersinn angeordnet.

- Soll ein Aspekt besonders hervorgehoben werden, kann man ein Segment herausstellen (Abbildung 19).

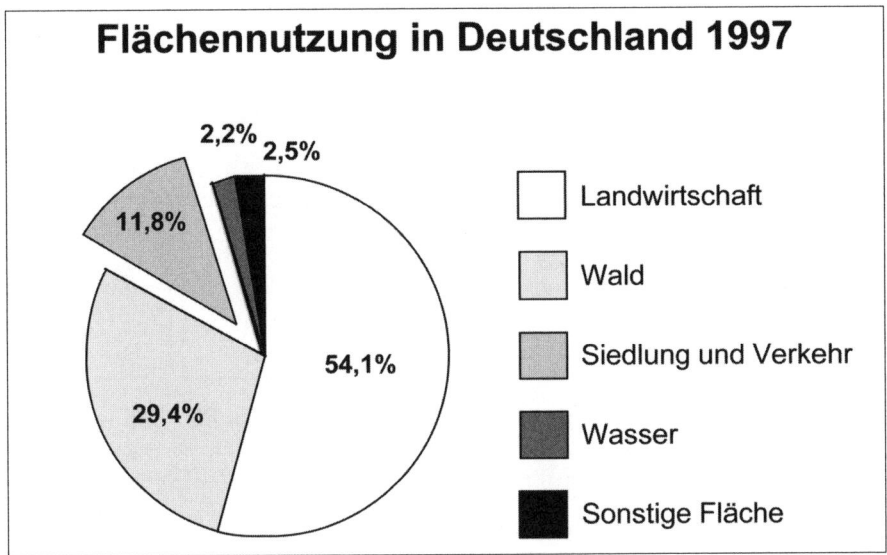

Abbildung 19: Kreisdiagramm

Balken- und Säulendiagramm

Für die Darstellung von *Häufigkeitsverteilungen* ist das Säulen-diagramm geeignet (Abbildung 20). Sind solche Verteilungen *Rangfolgen,* bietet sich das Balkendiagramm an (Abbildung 21 und 22, Seite 30 und 31).

Ein Vergleich der Abbildungen 21 und 23 (Seite 32) zeigt, dass sich nicht eindeutig bestimmen lässt, welcher Diagramm-Typ die bessere Wahl ist, um Rangfolgen abzubilden.

Eindimensionale Balken und Säulen sind schneller und leichter zu erfassen als zwei- oder dreidimensionale. Deshalb sind sie angemessen. Mehrdimensionale Darstellungen, die Pro-gramme wie Excel nahe legen, sind unnütze Spielereien – „Chart-junk" (Edward Tufte).

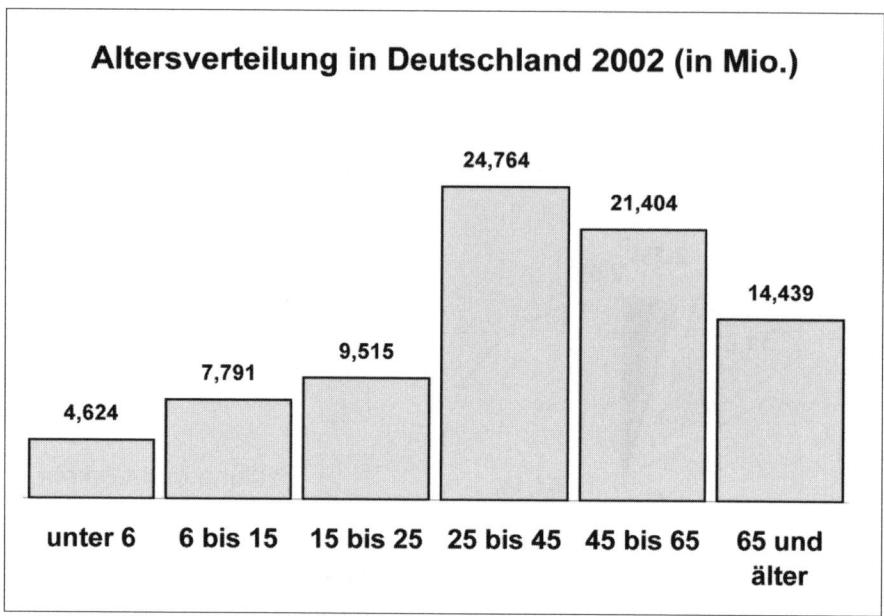

Abbildung 20: Säulendiagramm

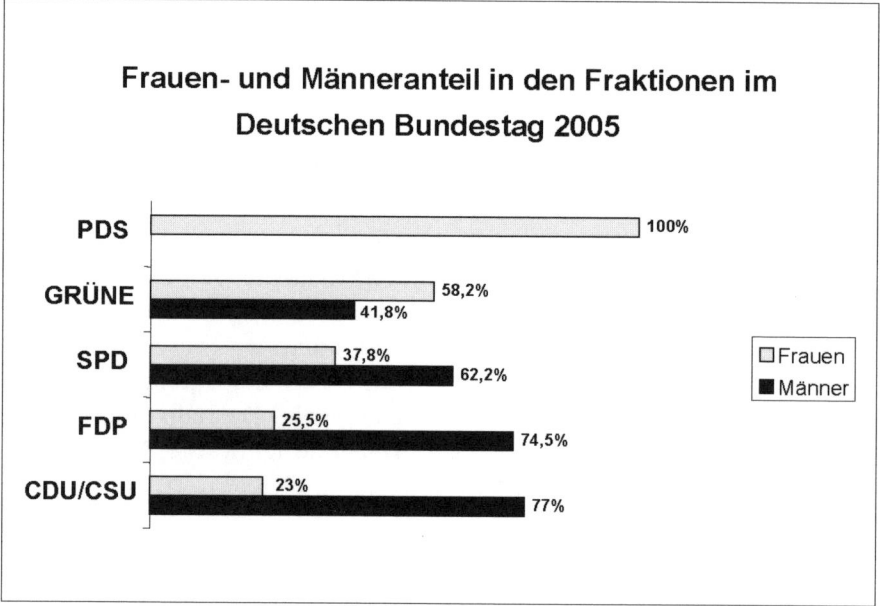

Abbildung 21: Balkendiagramm

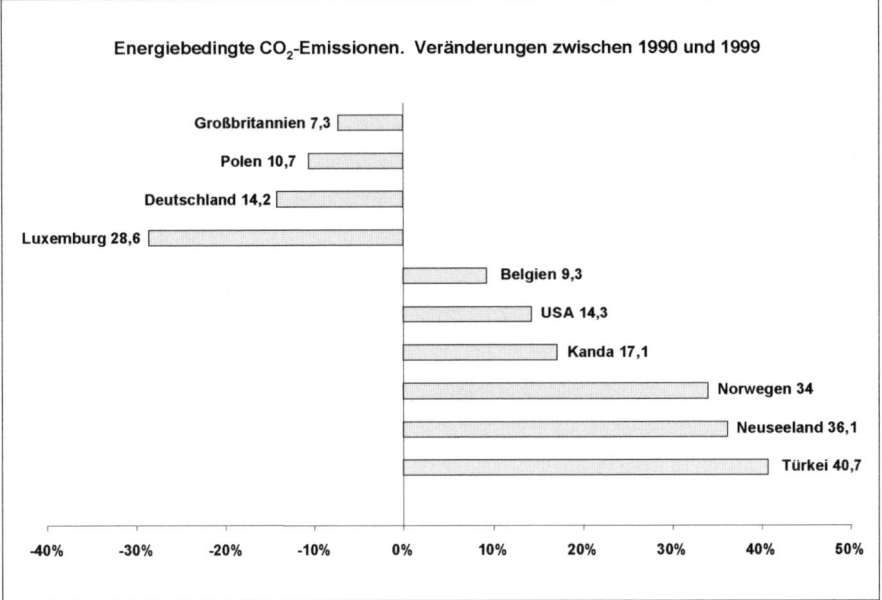

Abbildung 22: Balkendiagramm

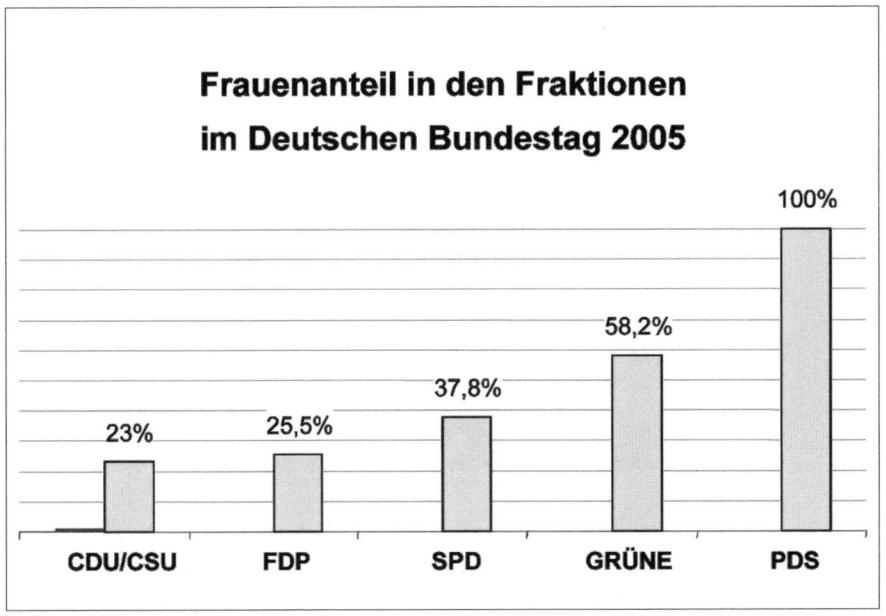

Abbildung 23: Säulendiagramm

Kurvendiagramm

Veränderungen im Laufe der Zeit, Schwankungen, Ab- und Zunahmen in einem bestimmten Zeitraum können mit einem Kurven- bzw. Liniendiagramm visualisiert werden (Abbildung 24).

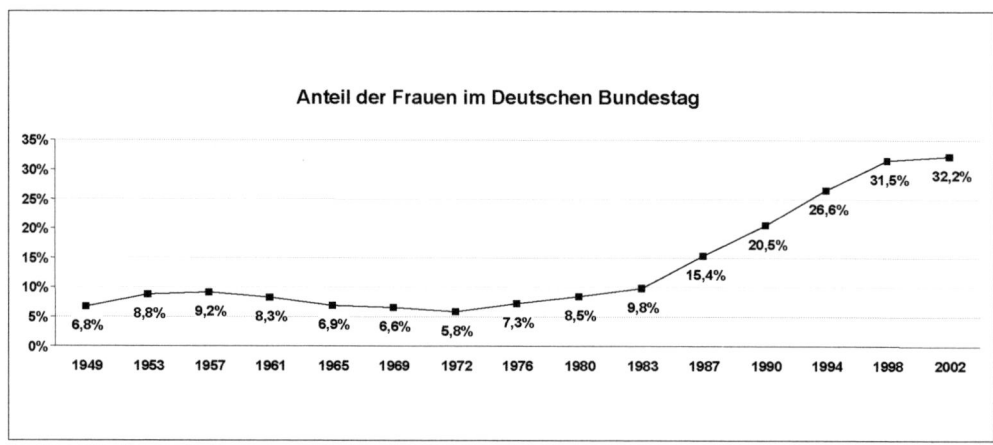

Abbildung 24: Kurvendiagramm

Bei bis zu sieben (Zeit-)Punkten auf der x-Achse ist auch das Säulen-Diagramm eine geeignete Darstellungsform (vgl. Abbildung 25, Seite 33). Bei mehr als sieben Punkten ist das Linien-Diagramm vorzuziehen.

Jedes Diagramm ist mit einem Titel zu versehen, der knapp und treffend informiert, worum es geht. Zu prüfen ist stets, ob

- eine Legende und Quellenangaben notwendig sind,
- Farben eine semantische Funktion zukommt (vgl. Seite 103ff.) und
- die Farben bzw. Schraffuren deutlich erkennbar und voneinander zu unterscheiden sind.

Diagramme *können* um einen – treffenden – Eyecatcher ergänzt werden (Abbildung 25 und 26).

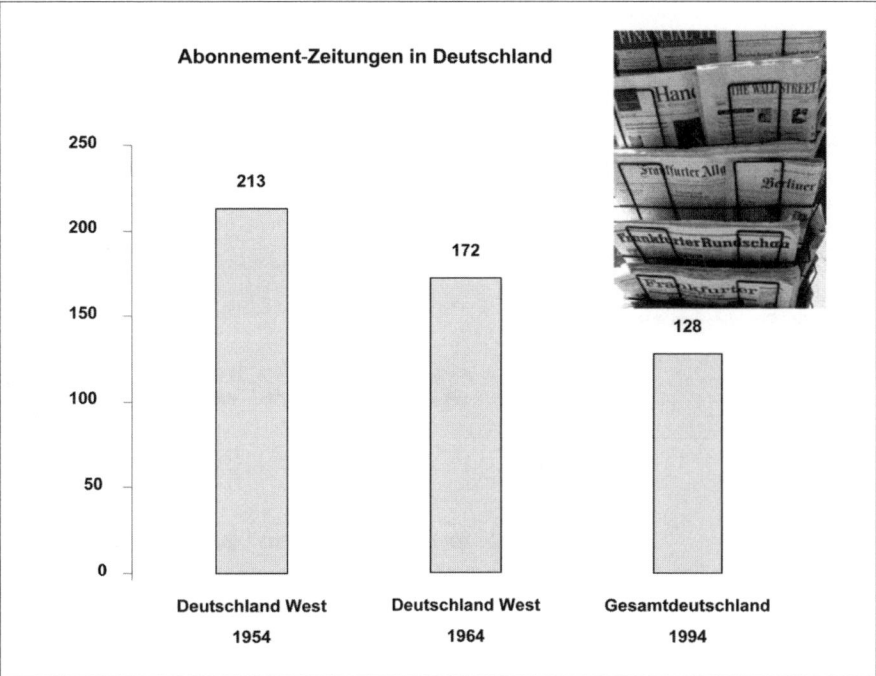

Abbildung 25: Säulendiagramm

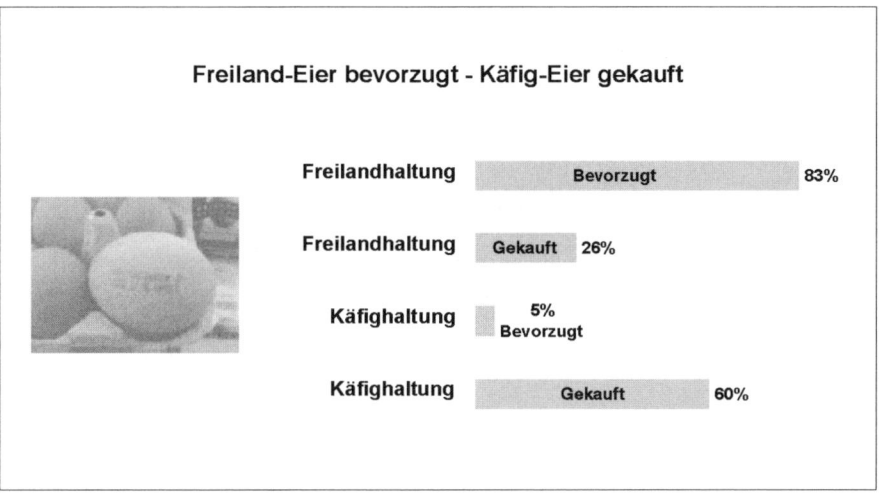

Abbildung 26: Balkendiagramm

Mit Piktogrammen können Vorgänge bzw. Sachverhalte anschaulicher dargestellt werden als mit Tabellen, Balken, Säulen oder Kurven (Abbildung 27). Zweierlei ist beim Einsatz von Piktogrammen zu beachten:

- Es gilt der Grundsatz, *Klasse vor Masse.*
- Piktogramme müssen eindeutig und leicht verständlich sein.

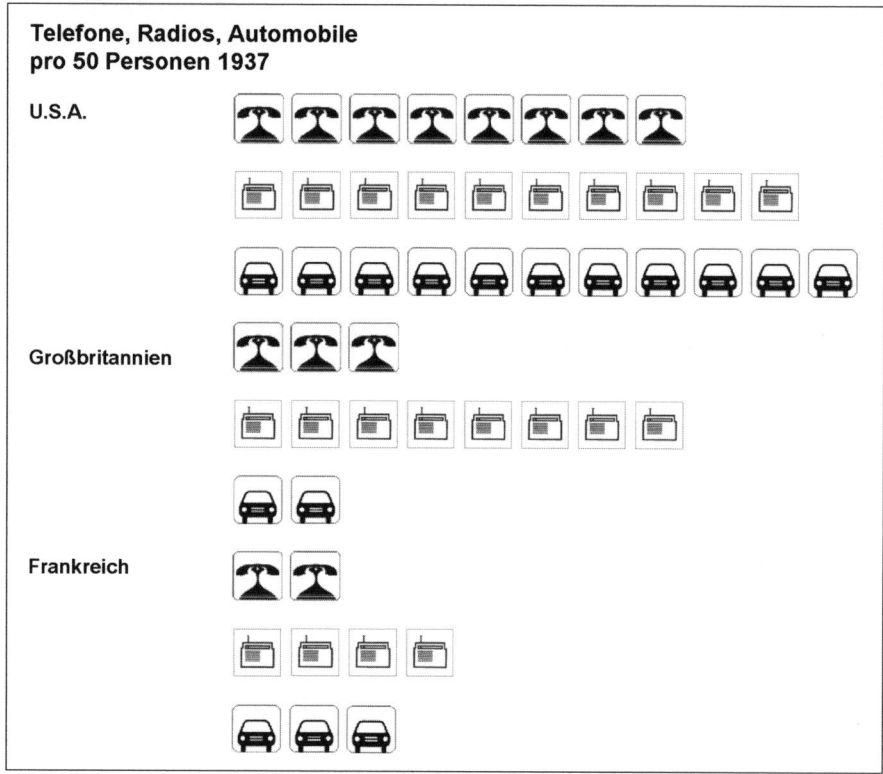

Abbildung 27: Visualisierung mit Piktogrammen

Wenn eine Entwicklung sehr drastisch ins Bild gerückt werden soll, können Veränderungen wie in Abbildung 28 visualisiert werden – unter einer Voraussetzung: Es muss sachlich gerechtfertigt sein, dass die Größenrelation nicht hundert Prozent exakt ist.

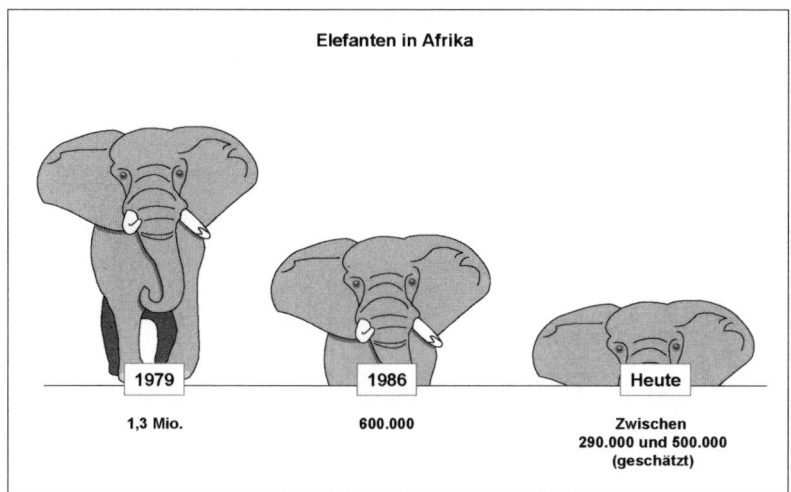

Abbildung 28: Daten als Zahlenbild

Info-Grafik

In Zeitungen und Zeitschriften sind Info-Grafiken sehr beliebt: Ein Kurvendiagramm über die Zahl deutscher „Gastarbeiter" in Österreich wird mit einem österreichischen Bundesadler hinterlegt, ein Säulendiagramm, das Auskunft über die Berufe mit einem schlechten Image geben soll, mit dem Bild eines aufdringlichen Vertreters, der einen Fuß in der Wohnungstür hat. Ein auflagenstarkes deutsches Nachrichtenmagazin packt die (halbe) Welt in Info-Grafiken – und vermittelt so den Eindruck, wirklich sei, was in eine Info-Grafik passt. Für knapp tausend Euro lassen Unternehmen ihre Werbebotschaften als Info-Grafiken verpackt von Agenturen an Zeitungen und Zeitschriften schicken. Dort sind diese Info-Grafiken deshalb sehr beliebt, weil ihr Abdruck keine Kosten verursacht.

Der PR-Ursprung von Info-Grafiken macht deren Ambivalenz aus: Einerseits sorgt eine gut gestaltete Info-Grafik für Aufmerksamkeit. Andererseits sind Info-Grafiken häufig viel Lärm um nichts. Vor allem in der Lehre sollte man sich vor dem Trugschluss hüten, die Übersetzung von zwei Zahlen in ein Bild (wie in Abbildung 29, Seite 36) sei bereits eine gelungene Veranschaulichung. Wer unterrichtet, lehrt, informiert usw. sollte sich

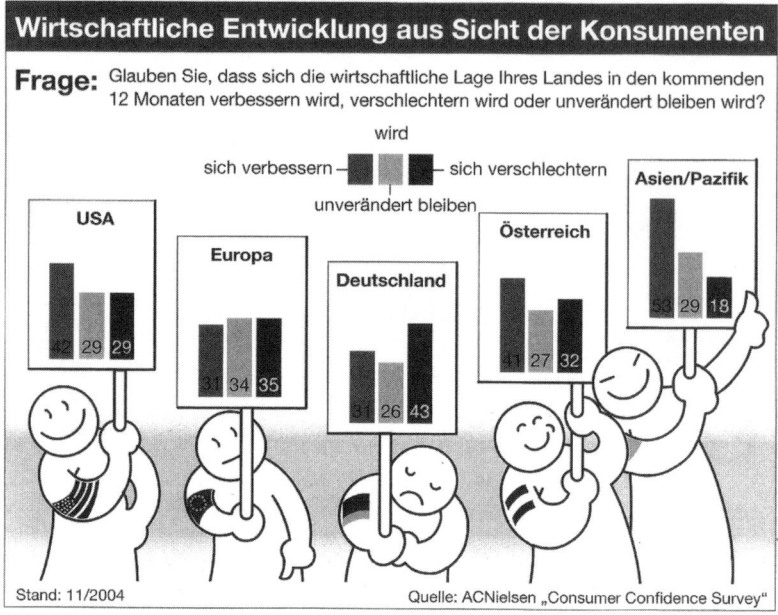

Abbildung 29: Info-Grafik

nicht auf einen Wettbewerb einlassen, der nur verloren werden kann: Mit der Bilderwelt von Film und Fernsehen kann keine Folie und keine PowerPoint-Präsentation konkurrieren. Nur wer eigene Wege einschlägt, kann beim Publikum, bei Lernenden Spuren hinterlassen.

2.2 Strukturen und Zusammenhänge

Strukturen und Zusammenhänge, Beziehungen und Wechselwirkungen können verbal nur schrittweise erläutert werden. In einer Abbildung können sie auf einen Blick gesehen werden. *Sehen* heißt nicht *verstehen*. Die sinnliche Wahrnehmung ist ein Zugang zum und eine Stütze für das Verstehen. Eine Abbildung, etwa der Faktoren und Beziehungen, die Lernen fördern bzw. behindern, kann die Erläuterung dieser Faktoren und Beziehungen nicht ersetzen; sie ist nicht selbstredend, aber für das Verständnis hilfreich und deshalb nützlich.

Die folgende Einteilung in *Strukturen* und *Beziehungen* dient einer übersichtlichen Darstellung. In Strukturen existieren Beziehungen und Beziehungen sind durch Strukturen geprägt bzw. werden durch diese geregelt. Die Leitfrage unserer Gliederung lautet: Was soll mit Hilfe einer Abbildung akzentuiert werden?

Strukturen – Gliederung, Abfolgen

Ein Klassiker der Visualisierung von Strukturen ist das *Organigramm* (Abbildung 30). Mit einem Organigramm lässt sich Komplexität mühelos reduzieren, über*schaubar* machen. Deshalb ist das Organigramm zu einer selbstverständlichen Darstellungsform geworden, die auf fast jeder Web-Page von Unternehmen, Ministerien oder Verbänden zu finden ist.

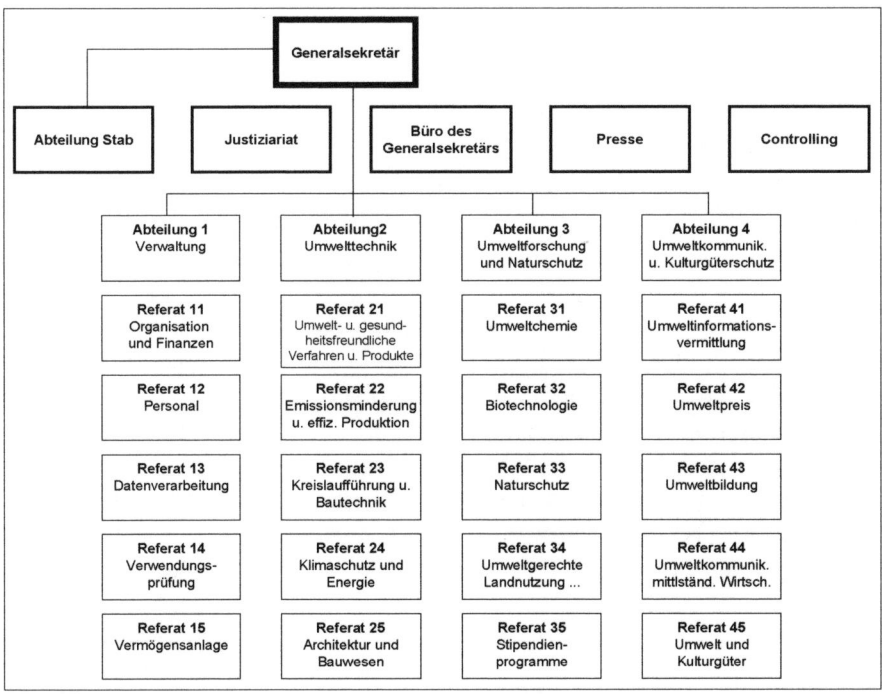

Abbildung 30: Organigramm

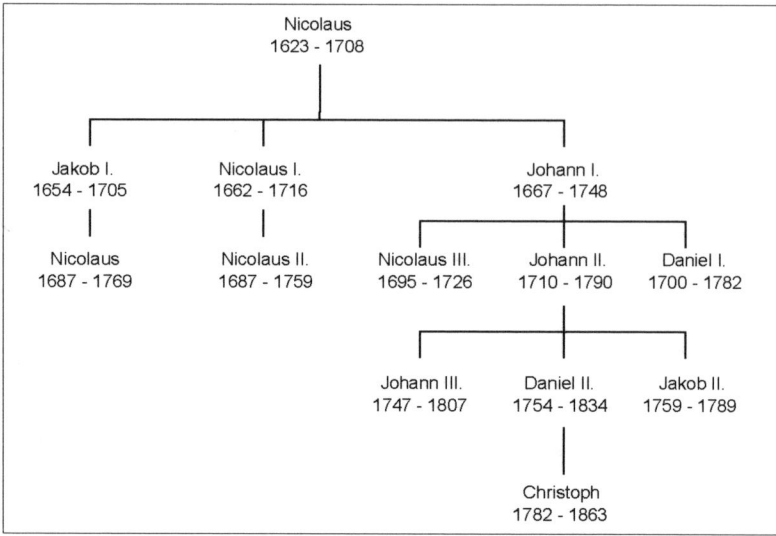

Abbildung 31: Stammbaum der Bernoulli-Dynastie, die über vier Generationen bedeutende Mathematiker und Physiker hervorgebracht hat (der Baum visualisiert die Vater-Sohn-Beziehung; er ist nicht vollständig, sondern beschränkt sich auf die prominenten Familienmitglieder)

Vorläufer des Organigramms ist der *Stammbaum* (Abbildung 31). Diese Struktur kann auch nützlich sein, um anspruchsvollere Aussagen ins Bild zu setzen – zum Beispiel den Stammbaum einer wissenschaftlichen Disziplin oder eines Objektbereichs (Abbildung 32, Seite 39). Ein Familienstammbaum, ein Stammbaum beispielsweise der geisteswissenschaftlichen oder einer anderen Richtung der Pädagogik, enthält eine zeitliche Dimension, gibt Auskunft über Abfolgen. Ergänzt man die Struktur eines Objektbereichs um Pfeile, können einfache Abläufe (Abbildung 33, Seite 40) und Entscheidungsstrukturen (Abbildung 34, Seite 41) visualisiert werden.[1]

Einem Organigramm lässt sich nicht entnehmen, ob Strukturen funktional sind. Und die Selbstdarstellung der SPD (Abbildung 34) gibt keinen Aufschluss darüber, ob Entscheidungen in dieser Partei *tatsächlich* von unten nach oben verlaufen. Abbil-

---

1   Die Baumstruktur wird in zahlreichen anderen Zusammenhängen eingesetzt. Um nur einige Beispiele zu nennen: *Art-Gattungs-Schema* (Botanik), *Codebäume* (Informatik), *Syntaxbäume* (Linguistik), *Zerfallsbäume* (Kernphysik), *Suchbäume* (Heuristik).

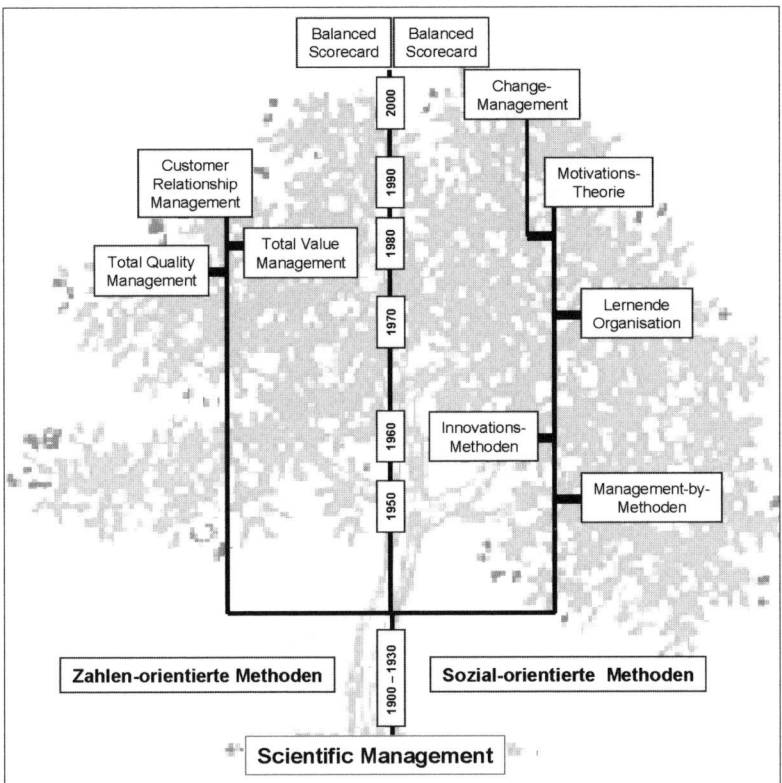

Abbildung 32: „Stammbaum" Management-Konzepte

dungen ersetzten keine Analyse. Sie können jedoch helfen, sich auf das Wesentliche – die Analyse – zu konzentrieren und die zu analysierenden Faktoren immer im Blick zu haben.

Hierarchische Strukturen, Strukturen, die einen eindeutigen Ausgangs- und Endpunkt haben, sind nur ein Strukturmuster der Realität. Vielfach haben die Beziehungen zwischen den Elementen einer Struktur andere Ausprägungen. Das Feld des Lehrens und Lernens – zum Beispiel – wird durch zahlreiche Faktoren determiniert, die in keinem eindeutigen Über- bzw. Unterordnungsverhältnis stehen. Soll ein Überblick über die wichtigsten Einflussgrößen in diesem Bereich gegeben werden, bietet sich eine Visualisierung an, die von einem Mittelpunkt ausgeht. Die einzelnen Faktoren werden nicht gewichtet (Abbildung 35 und 36).

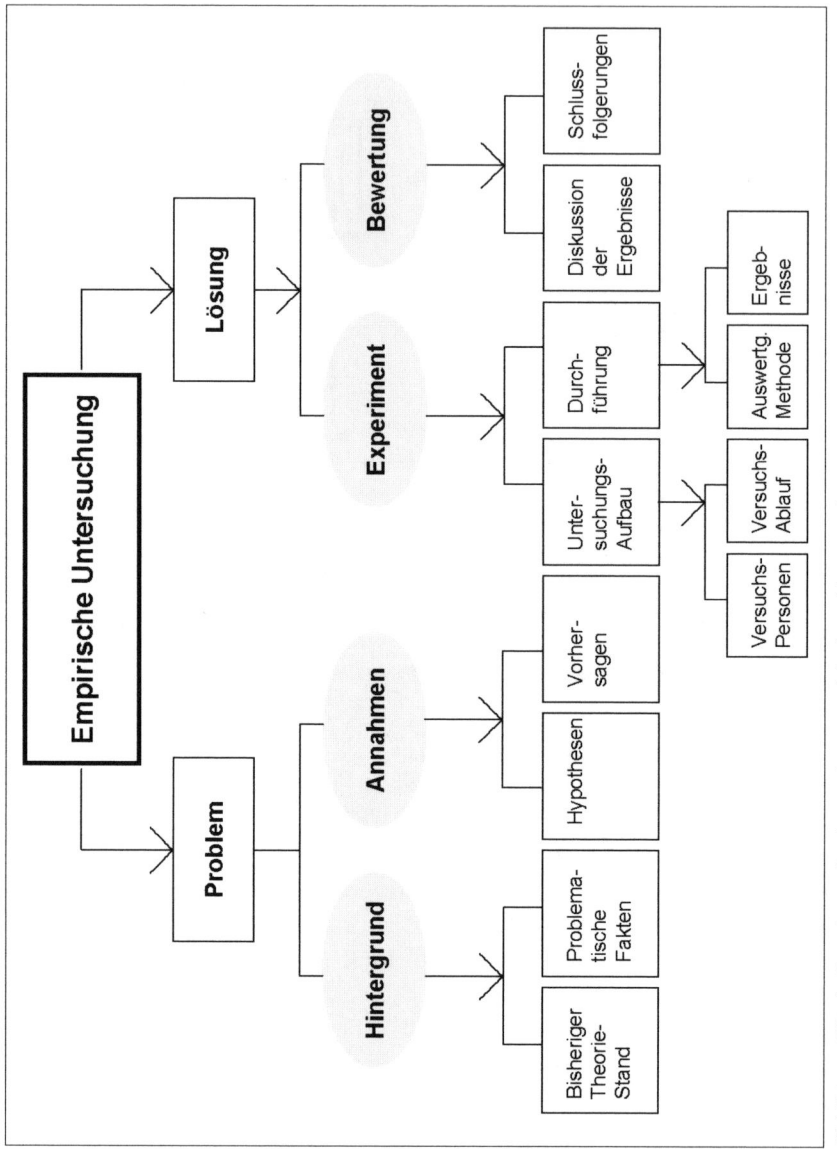

Abbildung 33: Aufbau bzw. Analyse einer empirischen Untersuchung

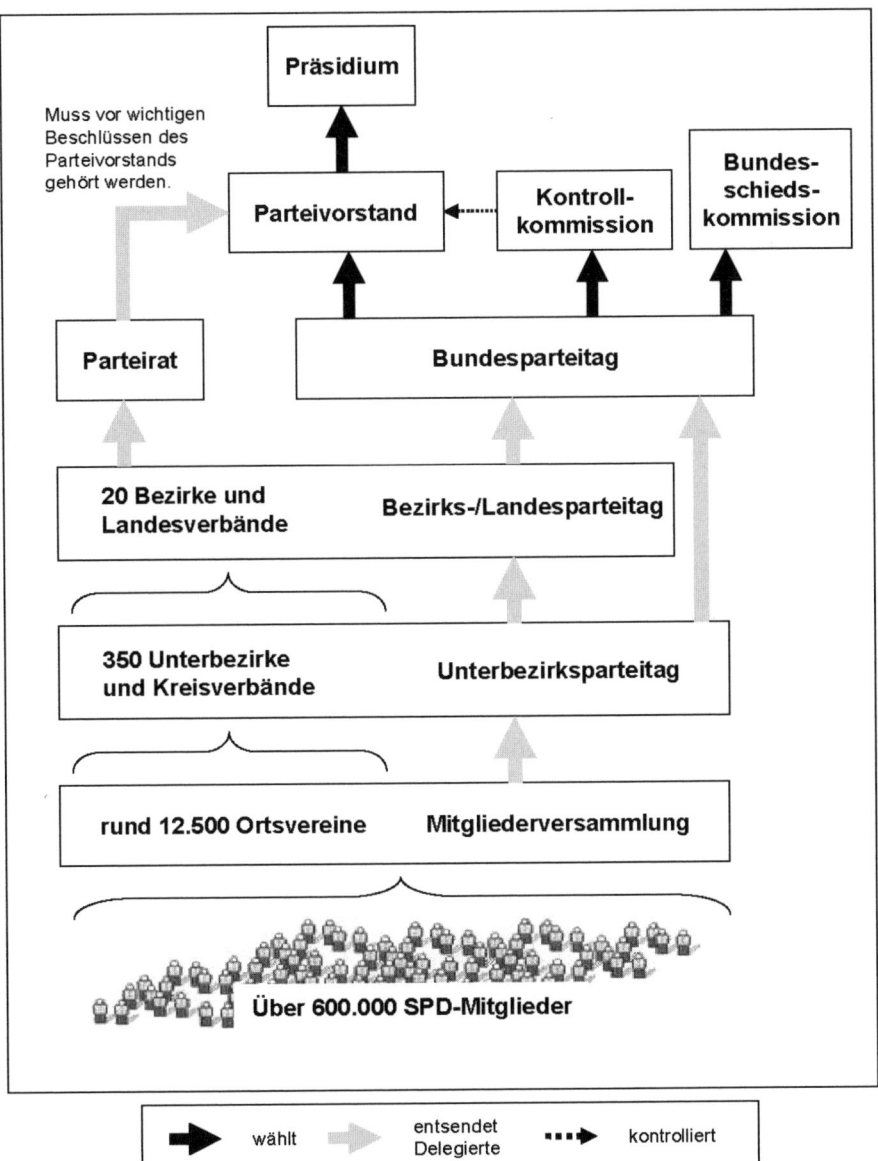

Abbildung 34: Entscheidungsstrukturen

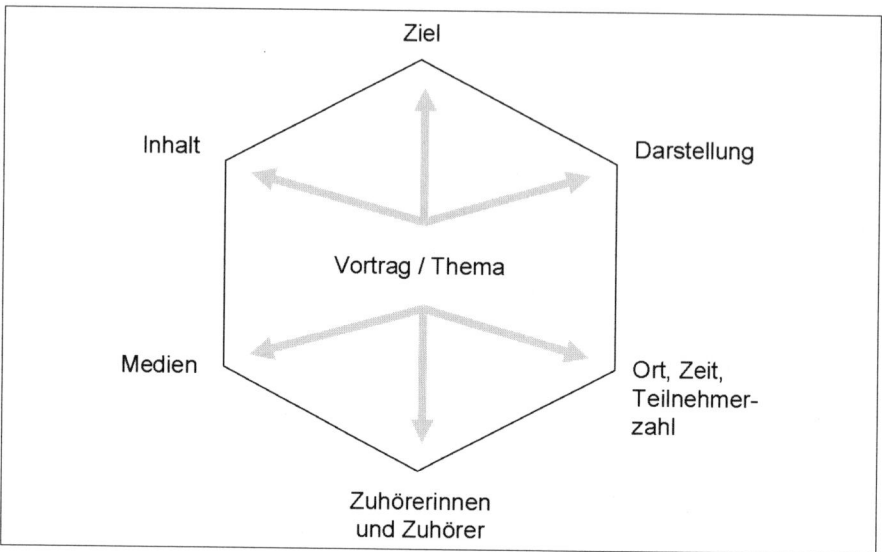

Abbildung 35: Faktoren, die bei der Vorbereitung eines Vortrags zu berücksichtigen sind. Nach: Norbert Franck: Rhetorik für Wissenschaftler. Selbstbewusst auftreten, selbstsicher reden. München 2001, S. 57

Abbildung 36: Faktoren, die im Unterricht zur Frustration führen

Beziehungen – Ursache und Wirkungen

Ein Text aus einem Lehrbuch für Medizin:

Das Grundplasma

Das Grundplasma (Hyaloplasma, zytoplasmatische Matrix) ist das Protoplasma der Zelle. Es erzeugt deren Arbeitsstrukturen, die Organellen, und verdient deshalb die Bezeichnung „zytoplasmatische Matrix" zu Recht. Alle geformten Bestandteile der Zelle (Kern, Organellen), auch das Meta- und Paraplasma, sind eingebettet in das Grundplasma. Lichtmikroskopisch erscheint es in der lebenden Zelle gestaltlos, leer und glasig und von dünn- bis zähflüssiger Konsistenz. Es kann aus dem flüssigen Solzustand in den gallertartigen Gelzustand übergehen und den umgekehrten Wandel vollziehen; wegen des glasigen Aussehens nennt man es „Hyaloplasma" (hyalos, griech. = glasartig und plasma = das Geformte). Das Grundplasma ist in der Solphase wie eine Flüssigkeit in Bewegung, in ihm spielt sich dann die BROWNsche Molekularbewegung ab. Zellphysiologisch gesehen ist das Grundplasma ein aus Wasser als Dispersionsmittel und Eiweißkörpern, Fettstoffen, Kohlehydraten, Vitaminen und Mineralsalzen zusammengesetztes schwach alkalisches System. Das Wasser bildet die Hauptmasse, von den festen Bestandteilen sind die Eiweißkörper die wichtigsten. Das Elektronenmikroskop vermag bis jetzt nicht als eine feinkörnige und feinfädige Struktur des Grundplasmas aufzudecken. Das Grundplasma besitzt ein Multienzymsystem. Eine wesentliche Aufgabe dieses Systems ist es, die Glykolyse, d.h. die Glukose – den wichtigsten Stoff für die Zellatmung und die Energiegewinnung der Zelle – in Brenztraubensäure zu verwandeln, damit diese von den Mitochondrien zu Kohlenoxid und Wasser oxidiert wird.

Diese Zusammenhänge werden verständlicher, wenn man sie von der Schrift- in die Bildsprache übersetzt (Abbildung 37). Ohne Elemente der Schriftsprache kommt man dabei allerdings nicht aus: Die unterschiedlichen Beziehungen müssen gekennzeichnet werden. Drei Relationen bilden die wesentlichen Aussagen ab:

Teil/Ganzes (t),
Eigenschaft (e),
Kausalität (k).

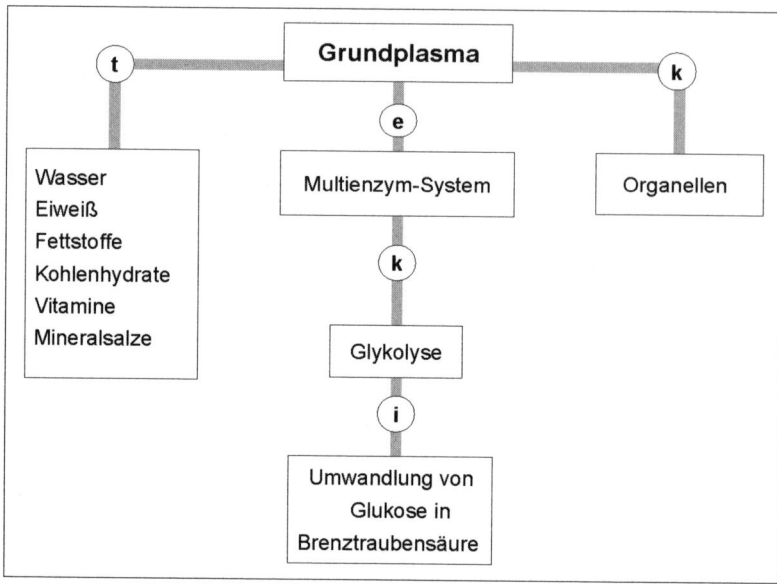

Abbildung 37: Beziehungsnetz

Sind Relationen (wie in Abbildung 38), ist die Beziehung zwischen Ursache und Wirkung eindeutig (wie in Abbildung 9, Seite 16), genügen Pfeile.

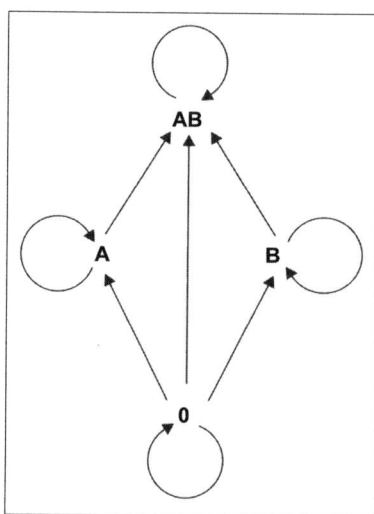

Abbildung 38: Welche Blutgruppe kann welcher Blutgruppe als Spender dienen?

2.3 Abläufe

Das Flussdiagramm wird häufig genutzt, um Handlungs- und Entscheidungsabläufe, (Versuchs-)Anleitungen, Fehlersuchprogramme usw. zu visualisieren. Flussdiagramme sind in zweifacher Hinsicht nützlich: Sie erleichtern dem Betrachter das *Verständnis* eines Ablaufs. Und sie schärfen den Blick für die Folgerichtigkeit und Lückenlosigkeit eines Handlungsablaufs.

Ein Flussdiagramm (Flowchart) besteht aus fünf Grundbausteinen.

1. Eine Ellipse markiert Anfang und Ende eines Flussdiagramms.
2. Mit Rechtecken werden Tätigkeiten gekennzeichnet.
3. Eine Raute steht für Entscheidungen.
4. Pfeile zeigen die Richtung des Handlungsablaufs.
5. Mit einem Kreis wird ein Anschlusspunkt markiert. Er wird benötigt, wenn ein Handlungsverlauf aus Platzgründen nicht mehr oder nicht mehr übersichtlich dargestellt werden kann. In den Kreis wird ein Buchstabe oder eine Ziffer gesetzt, der/die bei der Fortsetzung an anderer Stelle wieder aufgenommen wird.

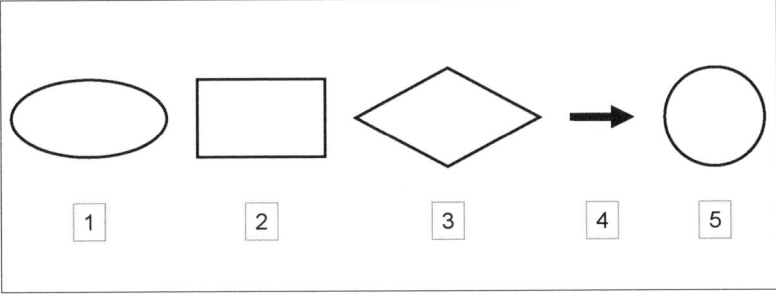

Abbildung 39: Elemente eines Flussdiagramms

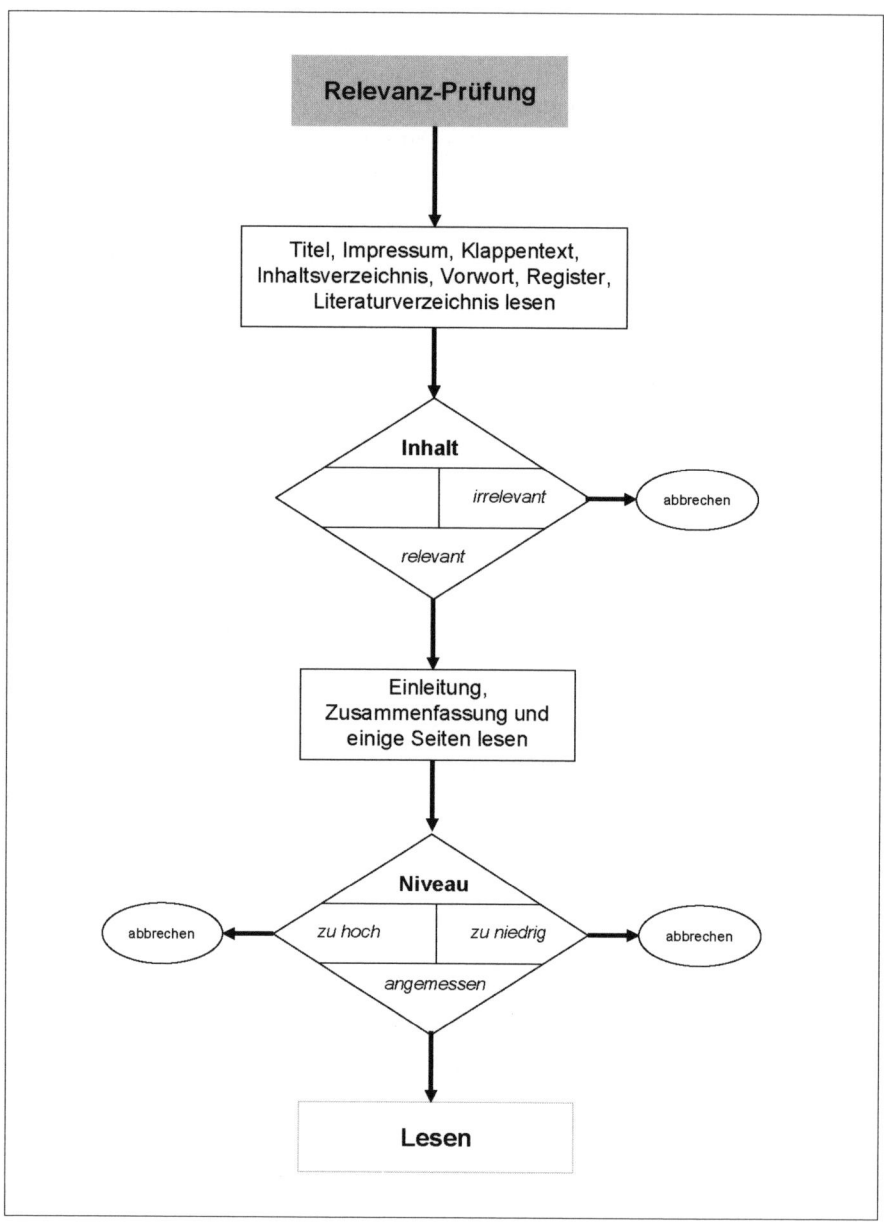

Abbildung 40: Flussdiagramm – ein Fachbuch auf seine Relevanz prüfen

3 Worauf es bei einem Vortrag, einem Referat ankommt

Viele Menschen leiden Tag für Tag darunter, in Zügen, in Restaurants oder an anderen Orten mit anhören zu müssen, wie lautstark Banalitäten über Handys verbreitet werden. Täglich machen wir aufs Neue die Erfahrung, dass mit technischer Kompetenz häufig keine soziale Kompetenz einhergeht.

In Hörsälen, auf Tagungen und Kongressen, bei Projektvorstellungen oder Abteilungsversammlungen ist ein ähnliches Phänomen zu beobachten:

- Ein Wissenschaftler projiziert 45 Minuten belanglose Informationen. Der Vortrag wird nicht mit einem Medium unterstützt, vielmehr ist der Medieneinsatz Selbstzweck.
- Eine Abteilungsleiterin zeigt in einer halben Stunde dreißig Folien mit vielen Zahlen und noch mehr Text. Was zum intensiven (Nach)Lesen sinnvoll ist, wird bei der Vorstellung einer Jahresplanung zur Qual.
- Ein Student der Betriebswirtschaft hat viele bunte Bilder aus dem Film über den Untergang der Titanic in sein PowerPoint gestütztes Referat über Liquiditätsplanung integriert – und über die Bildrecherche vergessen, sich Gedanken darüber zu machen, was warum in welcher Reihenfolge gesagt und mit welchen Beispielen verdeutlicht werden soll. Das Ergebnis: Es werden bunte Bilder statt strukturierter Aussagen präsentiert.

Ob auf Medizin- oder Informatikkongressen, ob auf Marketing- oder anderen Tagungen: Was einmal als „modern" galt, der Einsatz von PowerPoint bzw. Beamer, wird immer mehr zur Plage. „Multimedia" war 1995 Wort des Jahres. Ein Jahrzehnt später sind multimediale Banalitätenpräsentationen vielfach zum Ersatz für klare Worte, prägnante Formulierungen und interessante Gedanken geworden, zu Ersatzhandlungen oder Floskeldopplungen. Zum Beispiel dann, wenn auf einer Fachtagung der einfallslose Vortragsschluss „Ich danke Ihnen für Ihre Aufmerksamkeit" durch eine Folie ersetzt wird, auf der „Herzlichen

Herzlichen Dank!

Kontakt: Prof. Dr. Power v. Point
                Klinik YXZ
                Ort
                Tel.
                E-Mail

Abbildung 41: Folie als Ersatz für einen „runden" Schluss (im Original farbig)

Dank" steht und ein Bild von der Klinik gezeigt wird (selbstverständlich mit Rasen und Blumen im Vordergrund), in der die referierende Professorin arbeitet (Abbildung 41).

Vorträge und Referate sind kein Nachweis technischer Kompetenz. Der Einsatz moderner Medien macht noch keinen guten Vortrag, ergibt noch kein interessantes Referat. Erkenntnisse, Lösungsansätze oder Thesen können beeindrucken. Menschen können überzeugen – technische Hilfsmittel nicht. Die Grundregel des Medieneinsatzes lautet daher: Inhalte zuerst. Zunächst ist zu klären, was gesagt und wie ein Vortrag aufgebaut werden soll. Erst wenn das Referat „steht", wenn die Kernbestandteile zu Papier gebracht sind, geht es um die Frage, ob und wie Aussagen, Daten, Fakten, Beispiele und Belege visualisiert werden können. Schlichter formuliert: Man sollte den zweiten Schritt nicht vor dem ersten tun. Um den ersten Schritt geht es im Folgenden – und darum, was beim Gehen zu beachten ist. Es folgen Anregungen, wie der zweite Schritt zum Ziel führt.

3.1 Ausgangs-, Bezugspunkt und Struktur: Die Vorbereitung

Ein Vortrag über *Globalisierung*, über *Parteienfinanzierung* oder *Neue Entwicklungen im Aktienrecht* kann eine Lust oder Last sein – aber kein Ziel. Ein Vortrags*thema* ist noch kein Vortrags*ziel*. Ohne Ziel lässt sich nicht sinnvoll entscheiden, welche Schwerpunkte in einem Vortrag gesetzt, wie die Inhalte präsentiert und welche Medien eingesetzt werden sollen.

Ausgangspunkt Ziel

„Würdest du mir bitte sagen, wie ich von hier aus am besten weitergehen soll?", fragt *Alice im Wunderland* die Katze. „Das hängt sehr davon ab", lautet die Antwort, „wo du hinwillst."[1]

Ein Vortrag braucht ein Ziel: Was soll gezeigt, erläutert, veranschaulicht, wovon soll überzeugt oder wofür geworben werden? Erst dann, wenn dies klar ist, können Schwerpunkte gesetzt, kann entschieden werden: Was ist wichtig und was verzichtbar? Was will ich deutlich machen, was will ich in den Mittelpunkt stellen, besonders hervorheben?

Alle, die einen Vortrag oder ein Referat halten, wollen einen guten Eindruck machen. Viele handeln jedoch wie Helmut Kohl, der als Parteichef dem Motto folgte „Ich habe keine Angst mich unbeliebt zu machen. Ich bin es schon." Häufig wird auf eine Ordnung und Gewichtung von Zahlen und Fakten verzichtet. Nicht selten sind Vorträge nach dem Grundsatz aufgebaut, was ich weiß, bringe ich auch in meinem Vortrag unter. Viele Professoren und Studierende, Abteilungsleiterinnen und Fachreferenten haben eines gemeinsam: Sie können sich nicht von dem lösen, was für die *Erarbeitung* ihres Themas wichtig war, aber für die *Darstellung* unwichtig ist – ihr Motto: Wenn ich das schon gelesen habe, dann trage ich das auch vor. Vor allem Nachwuchswissenschaftler können sich nicht von ihren Vorarbeiten trennen und bringen sie in Rand- und Klammerbemerkungen unter:

- „Ich möchte an dieser Stelle in Klammern hinzufügen, dass ...“
- „In diesem Zusammenhang scheint mir folgende Randbemerkung wichtig: ...“

Andere meinen, sie könnten auf historische Exkurse nicht verzichten und gehen weit in die Geschichte zurück. Tucholsky spottete:

> „Fang immer bei den alten Römern an und gib stets, wovon du auch sprichst, die geschichtlichen Hintergründe der Sache. Das ist nicht nur deutsch – das tun alle Brillenmenschen. Ich habe einmal

---

1   Lewis Carroll: Alice im Wunderland. Reinbek 1966, S. 74.

in der Sorbonne einen chinesischen Studenten sprechen hören, der sprach glatt und gut französisch, aber er begann zu allgemeiner Freude so: ‚Lassen Sie mich Ihnen in aller Kürze die Entwicklungsgeschichte meiner chinesischen Heimat seit dem Jahre 2000 vor Christi Geburt ...‘ Er blickte ganz erstaunt auf, weil die Leute so lachten. So mußt du das auch machen. Du hast ganz recht: man versteht ja sonst nicht, wer kann denn das alles verstehen ohne die geschichtlichen Hintergründe ... sehr richtig!“[2]

„In der Beschränkung zeigt sich erst der Meister.“ Meinte Goethe.[3] Bei einem Referat oder Vortrag werden Kompetenz und Wissen nicht durch Masse, sondern durch Klasse demonstriert – und das heißt: das Wesentliche erkennbar in den Mittelpunkt zu stellen (mehr dazu auf Seite 62f.).

Bezugspunkt Zuhörerinnen und Zuhörer

Wer sich nicht auf die Zuhörerinnen und Zuhörer einstellt, erreicht sein Ziel nicht und hinterlässt keinen guten Eindruck. Drei W-Fragen helfen, einen Vortrag oder ein Referat nicht nur inhaltlich stimmig, sondern auch adressatenorientiert vorzubereiten:

1. *Wer* sind die Zuhörerinnen und Zuhörer?
   - Studierende, Kolleginnen und Kollegen, Expertinnen und Experten?
   - Welche Funktion haben sie?
   - Welche Vorkenntnisse, welche Erfahrungen haben sie?

2. *Was* erwarten sie von meinem Vortrag?
   - An welchen Inhalten, Methoden, Ergebnissen, Konsequenzen sind sie besonders interessiert?
   - Haben sie ein Faible für Methodenfragen, „harte“ Daten oder Fallbeispiele?
   - Welche Ansprüche haben sie an das Niveau des Vortrags?

---

2   Kurt Tucholsky: Gesammelte Werke. Hrsg. von Mary Gerold-Tucholsky und Fritz J. Raddatz. Reinbek 1993. Bd. 8, S. 291.
3   Johann Wolfgang von Goethe: Gedenkausgabe der Werke, Briefe und Gespräche. Hrsg. von Ernst Beutler. Zürich und Stuttgart 1948ff. Bd. 3, S. 623.

3. Welche Auffassungen und Haltungen haben sie zu meinem Thema?
- Welchen theoretischen bzw. methodischen Ansatz bevorzugen sie?
- Welche Meinung haben sie von der Bedeutung meines Themas bzw. der Relevanz meines Gegenstands?
- Reiten sie ein Steckenpferd in meinem Themenfeld?
- Sind sie Expertinnen oder Experten, die ein Eisen im Feuer haben?

Aus den Antworten auf diese Fragen ergeben sich Konsequenzen für die Schwerpunkte, den Aufbau und die Darstellung:
- Was soll mit welcher Akzentuierung vorgetragen,
- wie soll argumentiert und
- welche Darstellungsform soll gewählt werden?

Antworten auf die *Wer*-Fragen ermöglichen unter anderem folgende Entscheidungen:
- Wie ausführlich muss der (theoretische) Bezugsrahmen oder der methodische Ansatz erläutert werden?
- Was kann vorausgesetzt und daher weggelassen bzw. muss nur erwähnt oder gestreift werden?
- An welchen Kenntnissen, Erfahrungen und Interessen kann mit Beispielen angeknüpft werden?

Je mehr Sie Expertin oder Experte auf einem Gebiet sind, um so stärker sollten Sie darauf achten, den Wissensstand und die Informationsbedürfnisse von Nicht-Experten richtig einzuschätzen. Prüfen Sie, welche Vorkenntnisse Sie voraussetzen können und welche nicht. Sonst besteht die Gefahr, die Zuhörerinnen und Zuhörer entweder mit längst Bekanntem zu langweilen oder mit zu viel Neuem zu überfordern.

Setzen Sie bei einem Fachpublikum nicht voraus, Sie würden zu einer Versammlung von Universalgelehrten sprechen. Prüfen Sie, ob zum Beispiel
- *qualitative Methoden* der Sozialforschung zum allgemeinen Know-how gehören,
- alle wissen, was *Cross-over-Publishing* oder *Unique Selling Position* meint,

- *feministische Ansätze* in der Erziehungs-, Literatur-, Wirtschafts- oder Naturwissenschaft hinlänglich bekannt sind,
- *Dekonstruktivismus* oder *Nachhaltigkeit* für ihre Zuhörerinnen und Zuhörer geläufige Fachbegriffe sind.

Ist das Publikum heterogen, ist eine weitere – zielabhängige – Entscheidung zu treffen: Auf wen kommt es an? Es ist zum Beispiel schön, wenn fünfzig Kolleginnen und Kollegen (oder Studierende) von Ihrer Präsentation begeistert sind. Es ist weniger schön, wenn die vier Mitglieder der Geschäftsleitung (oder einer Berufungskommission) anderer Meinung sind – zum Beispiel weniger Hinweise auf Probleme und mehr Lösungsvorschläge erwartet haben. Es ist umgekehrt erfreulich, wenn die vier Vorgesetzten Ihre Präsentation *brillant* finden. Aber es ist unerfreulich, wenn die Kolleginnen und Kollegen sich beklagen, das sei alles nicht machbar, was Sie vorschlagen.

Das sind verzwickte Situationen, für die es eine bewährte Regel gibt: Man kann es nicht allen Recht machen. Wer nach allen Seiten lächelt, bekommt Falten, aber kein Profil.

Die Antworten auf die *Was*-Fragen sind vor allen wichtig für die Überlegung, welche Referenzen den Zuhörenden erwiesen werden sollen durch
- die Schwerpunktsetzung,
- die Auswahl von Beispielen,
- den Verzicht auf oder die ausführliche Präsentation von Daten und Fakten oder methodischen Überlegungen.

Die Antworten auf die *Welche*-Fragen ermöglichen Entscheidungen, wie im Vortrag
- die Ablehnung eines theoretischen oder methodischen Zugangs,
- Desinteresse gegenüber dem Gegenstand oder
- Zustimmung zu einem Ansatz
aufgegriffen werden soll – zum Beispiel durch
- die Betonung gemeinsamer Standards und Ansprüche,
- Fakten oder den Nachweis der Erklärungs- bzw. Problemlösungskapazität eines theoretischen oder methodischen Zugangs,
- den Hinweis auf ungelöste Probleme, neue Ziele.

Ausgangspunkt ist das, sind die eigene(n) Ziel(e). Bezugspunkt sind die *Anderen*, ohne die das Ziel nicht erreicht werden kann: Was nützt es, zwanzig oder vierzig Minuten eine Theorie zu analysieren, eine Stärken-Schwächen-Analyse vorzutragen oder einen Forschungsansatz zu bewerten, wenn nach einigen Minuten die meisten Zuhörerinnen und Zuhörer abschalten? Deshalb gehört zur Vorbereitung die Frage: Was ist notwendig, um die Aufmerksamkeit der Zuhörerinnen und Zuhörer zu wecken und aufrecht zu erhalten?

Die tragenden Säulen: Einleitung, Hauptteil, Schluss

Vorträge und Referate brauchen eine Struktur: eine Einleitung, einen Hauptteil und einen Schluss. Welche Funktionen haben diese Strukturelemente? Und was ist notwendig, damit diese Funktionen erfüllt werden?

Auf den Anfang kommt es an: Einleitung

Der erste Eindruck ist zwar nicht – wie immer wieder in Rhetorik-Ratgebern behauptet wird – der entscheidende. Aber in den ersten zwei oder drei Minuten entscheidet sich, welche Erwartungshaltung bei den Zuhörerinnen und Zuhörern entsteht. Wer sein Publikum *nicht* positiv einstimmen möchte, sollte sich an Tucholskys *Ratschläge für einen schlechten Redner* halten:

> „Fange nie mit dem Anfang an, sondern immer drei Meilen vor dem Anfang! Etwa so: ‚Meine Damen und meine Herren! Bevor ich zum Thema des heutigen Abends komme, lassen Sie mich Ihnen kurz...‘ Hier hast Du schon so ziemlich alles, was einen schönen Anfang ausmacht: eine steife Anrede; der Anfang vor dem Anfang; die Ankündigung, daß und was du zu sprechen beabsichtigst, und das Wörtchen kurz. So gewinnst Du im Nu die Herzen und die Ohren der Zuhörer."[4]

---

4 Kurt Tucholsky: Gesammelte Werke. Hrsg. von Mary Gerold-Tucholsky und Fritz J. Raddatz. Reinbek 1993. Bd. 8, S. 290.

Wie können die „Herzen und Ohren der Zuhörer" gewonnen werden? Mit einem Anfang, der motiviert und orientiert. Was gehört zu einem solchen Anfang?

Der Anfang
- Interesse wecken
- Nutzen hervorheben
- Überblick geben
- Zusammenhänge herstellen
- Begrüßen und danken

Interesse wecken

Bei einem Referat oder Vortrag darf man sich nicht erst verbal warmlaufen, sondern muss sofort durchstarten, um die Aufmerksamkeit des Publikums auf sich zu lenken. Das kann durch einen guten Aufmerksamkeitswecker erreicht werden. Ein knappes Dutzend solcher Aufmerksamkeitswecker stellen wir Ihnen vor.

1. Eine provozierende These oder Frage
   - Die Bundesrepublik ist keine Bildungsrepublik mehr.
   - Ist unser Rentensystem noch zu retten?

2. Fakten, die ein Problem deutlich machen
   18 Prozent der Deutschen meinen, „die Weißen" seien zu Recht führend in der Welt.

   Mehr als 59 Prozent vertreten die Meinung, in Deutschland lebten zu viele Ausländer. Fast 30 Prozent stimmen der Aussage zu, dass Ausländer zurückgeschickt werden sollten, wenn die Arbeitsplätze knapp werden.

   Über 23 Prozent sehen „zu viel Einfluss" von Juden in Deutschland. Fast 55 Prozent unterstellen, Juden wollten aus der Vergangenheit Vorteile ziehen.

   37 Prozent der Deutschen treten für die Entfernung von Obdachlosen aus Fußgängerzonen ein.

   36 Prozent empfinden „Ekel", wenn sich Homosexuelle küssen.

   Mehr als 35 Prozent plädieren dafür, Muslimen die Zuwanderung nach Deutschland zu untersagen.

Mehr als 31 Prozent der Deutschen meinen, Frauen sollten sich wieder auf die Rolle der Ehefrau und Mutter besinnen. Diese Zahlen ermittelte …

3. Eine scheinbar widersprüchliche Aussage
   - Das Volkseinkommen steigt und die Armut nimmt zu.
   - Das Geldvermögen der privaten Haushalte wächst und die Zahl der verschuldeten Haushalte steigt.

4. Eine Feststellung, die zunächst kurios erscheint
   „Alles sollte so einfach wie möglich gemacht werden, aber nicht einfacher." (Albert Einstein)

5. Ein Erfahrungsbericht, ein aktuelles Ereignis der bzw. das zum Thema führt
   (Das Ereignis: Ein neuer BSE-Fall wurde bekannt.) „Ob Ihnen meine Rede schmeckt, muss sich erst noch herausstellen. Aber wenn Sie zum Mittagessen bleiben, zu dem ich Sie jetzt schon herzlich einlade möchte, dürfen Sie sicher sein, dass kein Rindfleisch serviert wird."[5]
   Das Beispiel oder der Vergleich aus der Geschichte sind nur dann erste Wahl, wenn sie einen *Unterhaltungswert* haben oder sehr treffend sind. Das aktuelle Beispiel, der Bezug auf ein aktuelles Ereignis ist meist interessanter und der Sympathie weckende Nachweis, dass nicht ein „gut abgehangener" Vortrag aus der Schublade geholt wurde.

6. Ein treffendes Zitat
   „Umwege erhöhen die Ortskenntnis."
   Ein Vorschlag für den Einstieg in einen Vortrag über Lobbyismus, den Einfluss von Interessenverbänden:
   „Gibt's auch keinen Gott dort oben,
   gibt's doch viele, die ihn loben.
   Dass dies bleibe, wie es ist,
   wünscht sich fromm der Organist."[6]

Zitate müssen passend und verständlich sein. Und Zitate sind leichter zu schreiben als vorzutragen. Deshalb sollte stets geprüft

---

5   Imai-Alexandra Roehreke: Reden schreiben. Konstanz 2002, S. 80.
6   Dagmar Gaßdorf: Lustreden. Ein fröhlicher Leitfaden für mancherlei Anlässe. Frankfurt/Main 2003, S. 65.

werden: Ist ein Zitat als Einstieg geeignet? Kann das Zitat gut „rübergebracht" werden?

Wer einen Vortrag mit vielen fremden Federn schmückt und Zitat an Zitat reiht, sendet nur eine Botschaft aus: Ich habe keine *eigenen* Gedanken.

7. Eine themenbezogene Denksportaufgabe
   - Wohnen mehr Türkinnen oder mehr Türken in Deutschland?
   - Wurde die Mehrheit der in Deutschland lebenden Italiener in Deutschland oder in Italien geboren?
   - Gibt es mehr Mehrfachrentnerinnen oder mehr Mehrfachrentner?

8. Personalisieren
   Man kann einen Vortrag über die Rekrutierung politischer Eliten in der Demokratie mit einer Definition beginnen. Und man kann mit der Frage beginnen, wie Gerhard Schröder, Angela Merkel oder Joseph Fischer Spitzenpolitiker wurden.

   Mit der zweiten Variante erreicht man mehr Aufmerksamkeit.

9. Eine einfache Feststellung, in der anklingt: Die Sache ist nicht so einfach.
   Ob aus der Retorte oder aus der Pflanze: Vor dem Gesetz sind alle Arzneien gleich.

10. Eine Beschreibung, die zum Problem führt
    Ein Vorschlag für den Einstieg in einen Vortrag über „Globalisierung":
    Ein griechischer Seemann eines in Taiwan gebauten und unter liberianischer Flagge fahrenden Frachters mit bulgarischer Besatzung, den ein belgischer Konzern von einem deutschen Reeder geleast hat, legt vor der Küste der USA die russische Raubkopie eines englischen Musikvideos mit deutschen Untertiteln in einem Videorecorder ein, der in Korea hergestellt wurde.

11. Sympathiewerbung
    Ein bekannter Mann hat einmal gesagt, man könne über alles reden – nur nicht über 45 Minuten. Ich will in knapp 20 Minuten versuchen ...

Aufmerksamkeitswecker sind dann gelungen, wenn sie eine Brücke schlagen zum Vorwissen, zu den Interessen und Erfahrungen der Zuhörerinnen und Zuhörer. Zwei Beispiele:

Man kann ein Referat über „Theorien optimaler Währungsräume und ihre Implikationen für die Europäische Währungsunion" so anfangen:

> „Die Theorie optimaler Währungsräume beschäftigt sich mit der Frage, welches das optimale Gebiet ist, in dem eine Währung gelten soll. Über eine Reihe von Kriterien, die den Ländern bei der Wahl ihrer Wechselkurse behilflich sein können, und über die Darstellung von Kosten und Nutzen der verschiedenen Regime soll eine Entscheidung darüber ermöglicht werden, ob der Beitritt zu einer Währungsunion für ein Land vorteilhaft ist.
>
> Ein *Währungsraum* ist dabei ein geographisches Gebiet, in dem ..." (Vortrag einer Doktorandin der Volkswirtschaft)

Und man kann zunächst auf die Erfahrung verweisen, dass man bei Reisen in die EU-Staaten Dänemark, Schweden und Großbritannien Geld umtauschen muss – um dann zu fragen, warum diese Länder an der Krone bzw. dem Pfund festgehalten haben.

Ein Referat über die unisono beschworene Bedeutung von Bildung für den „Standort Deutschland", kann man mit Ausführungen über die Ressource „Humankapital" beginnen. Oder mit Hinweisen auf Widersprüche:

- Alle reden von der Bedeutung von Bildung. Und alle Bundesländer kürzen die Etats für die Hochschulen.
- Drei Namen, eine Frage: Boris Becker und Dieter Bohlen und Verona Feldbusch. Ist Erfolg und Wohlstand in der modernen Gesellschaft nicht längst von Bildung abgekoppelt?

Den Nutzen hervorheben

Ein Grundsatz in der Werbung lautet: Um Aufmerksamkeit und Interesse für ein Produkt oder eine Dienstleistung zu wecken, muss man den Nutzen des Angebots herausstellen. Wie könnte, wollte man für einen Vortrag werben, der den Nutzen der Dienstleistung „Vortrag" herausgestellt werden? Man müsste deutlich machen,

- warum jemand kommen sollte,
- was am Thema interessant ist,

- was Neues geboten wird,
- worin der Vorzug des Vortrags gegenüber einem gedruckten Text besteht.

Ein kompetenter Überblick, eine neue Problemsicht, eine originelle Lösung oder eine aufschlussreiche Interpretation könnten zum Beispiel für potenzielle „Kunden" interessant sein. Wer einem Vortrag oder Referat zuhört, hofft etwas zu lernen, etwas Interessantes zu erfahren. Diese Hoffnung sollte man bestärken und zu Beginn eines Referats den Nutzen hervorheben: Was wird *zu welchem Zweck* in den Mittelpunkt gestellt? Gewinnen die Zuhörerinnen und Zuhörer den Eindruck, Zuhören lohnt sich, hat man ihre Aufmerksamkeit und Vorschusslorbeeren.

Einen Überblick geben

Eine Orientierung über den Aufbau des Vortrags erleichtert es den Zuhörenden zu folgen. Deshalb sollte man sagen, dass sich das Referat – zum Beispiel – in drei Teile gliedert: „Ich untersuche zunächst die Theorie von ABC. Dann beleuchte ich den Ansatz von XYZ. Abschließend arbeite ich Differenzen und Gemeinsamkeiten beider Konzepte heraus."
  Der nächste Satz kann den Hauptteil eröffnen: „Zunächst zur Analyse des Ansatzes von ABC."
  Man kann diesen Überblick auch auf einer Folie präsentieren. In den Natur- und Wirtschaftswissenschaften ist das zwar ebenso die Regel wie bei Präsentationen von Werbeagenturen oder anderen Dienstleistern, aber nur dann zu empfehlen, wenn eine solche Folie die *komplexe* Struktur eines Vortrags oder einer Präsentation verdeutlicht und wenn weitere Folien gezeigt werden: Eine Folie weckt die Erwartung, dass weitere folgen. Auf eine Folie sollte man sich nur dann beschränken, wenn diese Folie einen hohen Aufmerksamkeitswert hat.

Zusammenhänge herstellen

Ist ein Vortrag Teil einer Vortragsreihe, ist ein Referat Teil eines Seminars, sollten folgende Hinweise nicht fehlen,
- wie sich das Referat in den Seminar-Zusammenhang einordnet,

- in welcher Hinsicht der Vortrag einen Sachverhalt vertieft oder im Widerspruch zu dem steht, was zuvor bzw. bisher vorgetragen wurde,
- worauf man nicht eingeht, weil dieser oder jener Aspekt in einem der folgenden bzw. vorangegangenen Referate behandelt wird bzw. wurde.

Es gibt zwei Möglichkeiten, auf Zusammenhänge hinzuweisen:
- nachdem man Interesse für das Thema geweckt oder
- nachdem man die Ziele des Referats erläutert hat.

Für jede Variante ein Beispiel:

Das Volkseinkommen steigt und die Armut nimmt zu *(Interesse wecken).*

Diese Feststellung widerspricht den Aussagen über den Zusammenhang von wachsendem Volkseinkommen und individuellem Wohlstand, die in der letzten Woche vorgetragen wurden *(Zusammenhänge herstellen).*

Ich will zeigen, dass steigendes Volkseinkommen, die Zunahme des Geldvermögens privater Haushalte und wachsende Armut keine Gegensätze sind. Im Mittelpunkt steht dabei der Nachweis, dass ... *(Nutzen hervorheben).*

Zunächst werde ich ... *(Überblick geben).*

Das Volkseinkommen steigt und die Armut nimmt zu *(Interesse wecken).*

Ich will zeigen, dass steigendes Volkseinkommen, die Zunahme des Geldvermögens privater Haushalte und wachsende Armut keine Gegensätze sind. Im Mittelpunkt steht dabei der Nachweis, dass ... *(Nutzen hervorheben).*

Ich widerspreche damit der These über den Zusammenhang von wachsendem Volkseinkommen und individuellem Wohlstand, die wir am Vormittag gehört haben *(Zusammenhänge herstellen).*

Ich werden zunächst ... *(Überblick geben).*

Begrüßen und mehr

Steht nicht am Beginn die Begrüßung des Publikums (und der Dank für die Einladung oder eine kurze Vorstellung)? Man kann mit der Begrüßung beginnen – man muss aber nicht. Es geht auch anders.

Wenn man

- das Wohlwollen der Zuhörerinnen und Zuhörer gewinnen will, die Abwechslung schätzen,
- Aufmerksamkeit auf sein Thema lenken will,
- den Zuhörenden als Person in Erinnerung bleiben will und nicht nur als Medium eines Themas

– dann sollte man die Begrüßung, den Dank für die Einladung usw. nicht als „Formalie" behandeln, sondern als wichtigen Teil der Einleitung.

Deshalb:

- Die Begrüßung muss nicht am Anfang stehen.
- Die Damen und Herren im Publikum müssen nicht „verehrt" werden.
- Konkret sprechen: *Guten Tag* (oder *Morgen*) statt *Ich begrüße Sie.*
- Es ist ein Privileg und/oder ein Chance, einen Vortrag auf einem Kongress oder einer Tagung halten zu können. Man sollte daher zum Ausdruck bringen, dass man sich über die Einladung *gefreut* hat.
- Für die Einladung *bedankt* man sich dann, wenn es *die* große Ausnahme ist, dass man als Diplomand oder Doktorandin eingeladen wurde. Ansonsten gilt: Wer anderen etwas bietet, muss sich dafür nicht bedanken.
- Alle Zuhörerinnen und Zuhörern freuen sich über ein paar freundliche persönlich nette Worte – zum Beispiel über ihre Stadt: „Ich bin gerne in das schöne Erfurt gekommen."

Ein Beispiel stellen wir auf der Seite 61 vor.

Ein weiteres Beispiel – verbunden mit dem Hinweis, dass Schmeicheln und Danken kein Muss sind:

1. „Was ist das eigentlich: *Öffentlichkeitsarbeit?*
2. Um Antworten auf diese Frage geht es in meinen Vortrag. Guten Tag, meine Damen und Herren.
3. Eine klassische Definition aus dem Jahre 1984, die seitdem in vielen Varianten wiederholt wird, bestimmt Öffentlichkeitsarbeit als Teil des Managements von Kommunikationsprozessen zwischen Organisationen und ihren Öffentlichkeiten.

18 Prozent der Deutschen meinen, „die Weißen" seien zu Recht führend in der Welt. *Aufmerksam-keitswecker*

Mehr als 59 Prozent vertreten die Meinung, in Deutschland lebten zu viele Ausländer. Fast 30 Prozent stimmen der Aussage zu, dass Ausländer zurückgeschickt werden sollten, wenn die Arbeitsplätze knapp werden.

Über 23 Prozent sehen „zu viel Einfluss" von Juden in Deutschland. Fast 55 Prozent unterstellen, Juden wollten aus der Vergangenheit Vorteile ziehen.

Mehr als 31 Prozent der Deutschen meinen, Frauen sollten sich wieder auf die Rolle der Ehefrau und Mutter besinnen.

Diese Zahlen, ermittelt in einer repräsentativen Befragung im Sommer 2003, zeigen: Mit der steigenden Zahl der Arbeitslosen steigen auch Rassismus, Antisemitismus und Sexismus.

Guten Tag, meine Damen und Herren. *Begrüßung*

Mein Name ist ... Ich forsche im Projekt „Parteiensysteme" an der Universität ... über ... *Vorstellen*

Ich habe mich über die Einladung zu dieser Tagung sehr gefreut. Es ist eine große Chance, den Stand meiner Untersuchung einem kompetenten Auditorium vorstellen zu können. *(Danken und schmeicheln)*

Das Verhältnis zwischen steigender Arbeitslosigkeit und zunehmendem Rassismus, Antisemitismus und Sexismus ist nicht linear, nicht monokausal. Ein entscheidender Faktor muss hinzukommen: die Frage, welche Erklärungs- und welche Lösungsmuster bestimmen den politischen Diskurs über Arbeitslosigkeit? Sind in den Diskursmustern vom „Gürtel", der „enger geschnallt werden muss", von der „höheren Eigenverantwortlichkeit" der Einzelnen, vom Ende des „Versorgungsstaats" Anhaltspunkte zu finden, die Rassismus, Antisemitismus und Sexismus fördern - ohne selbst rassistisch, antisemitisch oder sexistisch zu sein? *Nutzen hervorheben*

Ich gehe zunächst auf ... ein. Im zweiten Schritt skizziere ich ... Dann ... *Überblick geben*

Diese Definition ist nicht sehr aufschlussreich. Sie enthält keine Bestimmungen über die Funktion und das Ziel dieses Kommunikationsmanagements – und damit auch keinen Hinweis auf die Eigenart der Kommunikation.

4. Als jemand, der seit zwölf Jahren in dieser Branche arbeitet, weiß ich, wie solche Definitionen entstehen: aus dem Interesse der PR-Macher, möglichst weit oben in der Unternehmenshierarchie, im Management angesiedelt zu sein.

5. Ich will nicht mit weiteren Definitionen aufwarten, sondern anhand von drei Beispielen zeigen ...“[7]

Eine Anmerkung zur Vorstellung: Stapeln Sie weder hoch noch tief. Understatement ist nur dann angebracht, wenn Sie (halbwegs) berühmt sind. Und denken Sie daran:

• der Kumpel kommt im Revier gut, aber nicht in der Finanz- oder einer anderen Geschäftswelt,
• der Clown ist im Zirkus beliebt, aber nicht auf Kongressen,
• die Selbstdarstellerin ist bei Beckmann oder Kerner gut aufgehoben, aber nicht auf Tagungen.

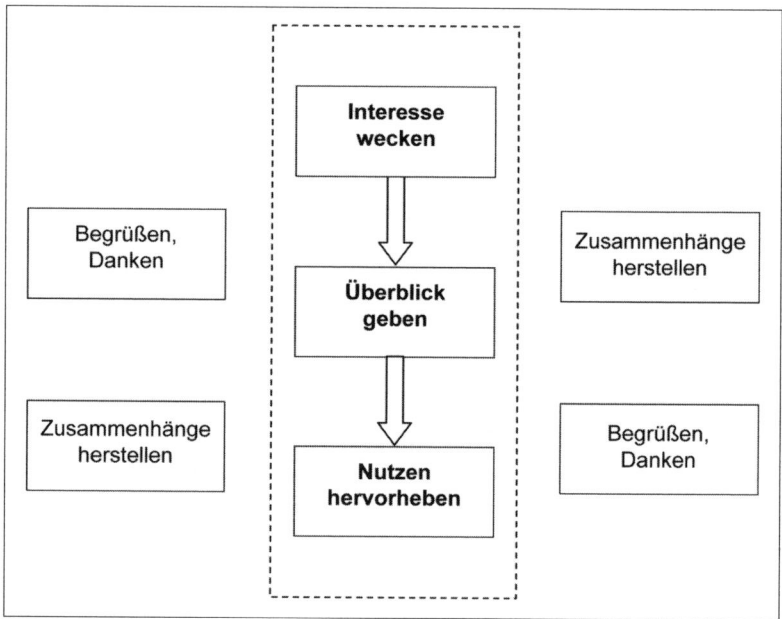

Abbildung 42: Die Elemente einer Einleitung

Im Zentrum: Der Hauptteil

Stimmt die Einleitung, erhalten Sie von den Zuhörerinnen und Zuhörern einen Vorschuss. Viele verspielen diesen Vorschuss, weil sie

---

7   Norbert Franck: Fit für den Auftritt. Selbstbewusst reden, souverän diskutieren, überzeugend präsentieren. 2. Aufl. München 2004, S. 41.

- viel sagen und nichts erkennbar auf den Punkt bringen und deshalb der Nutzen des Gesagten für die Zuhörerinnen und Zuhörer unklar bleibt;
- übersehen, dass die meisten Zuhörerinnen und Zuhörer ein Lexikon besitzen.

Als Hauptteil wird kein „Beef in the Burger" angeboten, kein saftiges „Mittelstück" zwischen Anfang und Schluss, sondern unverdauliche Kost, die bei den Zuhörerinnen und Zuhörern auf wenig Begeisterung stößt.

Deshalb sollte man sich an Tucholsky halten: „Der Redner sei kein Lexikon. Das haben die Leute zu Hause."[8] – Gleich, ob man informiert, analysiert, Vorschläge macht, vergleicht, bewertet oder Lösungen präsentiert: Es kommt darauf an, das Wesentliche in den Mittelpunkt zu stellen. Deshalb ist jede Information daraufhin zu überprüfen, ob sie

- notwendig ist, weil sie zum Verständnis der Sache beiträgt,
- die Argumentation stützt (oder die Argumentationslinien verdeckt),
- den Ertrag der Ausführungen und den Nutzen für die Zuhörerinnen und Zuhörer deutlich macht,
- last but not least: die *eigene* Leistung erkennbar werden lässt.

Auch wenn es schwer fällt, sich von Formulierungen zu trennen, um die Sie hart gerungen haben: Vorträge gewinnen, wenn Sie gekürzt werden. Weniger ist oft mehr. Oder in den Worten von Voltaire: „Alles sagen zu wollen, ist das Geheimnis der Langeweile."

Der Hauptteil
- Wegweiser aufstellen
- Fragen stellen
- Beispiele und Vergleiche
- Signale setzen, Humor nicht gering schätzen

Wegweiser aufstellen

Streichungen schaffen Platz für Wegweiser, die das Publikum durch den Vortrag führen. Solche Wegweiser sollten regelmä-

---

8 Kurt Tucholsky: Gesammelte Werke. Hrsg. von Mary Gerold-Tucholsky und Fritz J. Raddatz. Reinbek 1993. Bd. 8, S. 292.

ßig aufgestellt werden, um eine klare Orientierung zu geben.

Nicht genügend Informationen enthält folgender Wegweiser: „Ich komme zum zweiten Punkt" (zur dritten Frage, zum vierten Teil). Niemandem ist mit einem Wegweiser gedient, auf dem steht: „Hier geht es weiter". Wir erwarten vielmehr den Hinweis, „Hier geht es nach ABC". Zuhörerinnen und Zuhörer erwarten bei Vorträgen Hinweise wie diese:

- Was kennzeichnet diesen Vorschlag? Zum einen ein verkürztes Verständnis von Personalentwicklung und zum anderen ein Mangel an perspektivischem Denken. Was meine ich mit verkürztem Verständnis von Personalentwicklung?
- Ich komme zur zweiten Frage, zum Zusammenhang von Wachstum und Wohlstand. Ich untersuche zwei Aspekte: 1. Wie ... 2. Warum ... Zunächst zur Frage nach dem Wie.
- Ich habe gezeigt, dass sich Umweltschutz für Unternehmen rechnen kann. Ich gehe nun auf die Voraussetzungen näher ein, die ...

Fragen stellen

Fragen sind ein weiterer Wegweiser. Fragen stellen eine Beziehung zu den Zuhörerinnen und Zuhörern her. Sie erhöhen die Aufmerksamkeit und erleichtern das Verständnis. Deshalb sollte ab und zu eine Erläuterung mit einer Frage eingeleitet werden.

Statt: Die an Keynes angelehnte Politik scheiterte aus drei Gründen.

Frage: Aus welchen Gründen scheiterte die an Keynes orientierte Politik? Sie scheiterte vor allem aus drei ...

Sowohl echte als auch rhetorische Fragen sind nützlich.

Echte Frage: Möchte man eine Antwort aus dem Publikum, sollte das durch eine direkte Ansprache deutlich gemacht werden: „*Was meinen Sie:* Welche Vorteile haben Seminare gegenüber Vorlesungen?" Wer eine Antwort erwartet, sollte den Zuhörerinnen und Zuhörern einige Sekunden Zeit zum Nachdenken geben.

Rhetorische Frage: Will man selbst antworten, lautet die rhetorische Frage: „Welche Vorteile haben Seminare gegenüber Vorlesungen?"

Vermeiden sollte man zwei Fragen-Typen:
* *Wissensfragen*, die an die Schule erinnern (In welchem Land wurde das Faxgerät erfunden?).
* *Geschlossene Fragen*, die nur mit „Ja" oder „Nein" beantwortet werden können (Seid ihr für Studiengebühren?).

Beispiele und Vergleiche

Die meisten Menschen sind für Abwechslung dankbar. Viele Menschen langweilen sich bei Vorträgen, weil etwas fehlt: Beispiele, Vergleiche oder eine Brise Humor.

Konkrete und verständliche *Beispiele* mag jedes Publikum. Aktuelle Beispiele sind besonders beliebt. Beispiele sind allerdings - wie Medikamente - nur in der richtigen Dosierung hilfreich. Ein Beispiel:

Als Pontius Pilatus sich nach dem Urteilsspruch über Jesus demonstrativ in der Öffentlichkeit die Hände wusch, um symbolisch seine Unschuld zu signalisieren, war das eine gekonnte und wohl kalkulierte politische Inszenierung.

Die Inszenierung von Politik hat Tradition. Die Inszenierung von Politik ist keine Erfindung des Medienzeitalters. Nicht erst die Kanzlerin oder der FDP-Chef versuchen, sich durch Inszenierungen für die Öffentlichkeit ins rechte Licht zu setzen.

Mit *Vergleichen* kann man Sachverhalte verdeutlichen – zum Beispiel die Tatsache, dass es in vielen Zusammenhängen auf Qualität ankommt und nicht auf Quantität: „Mit einem Tropfen Honig fängt man mehr Fliegen als mit einem Fass Essig." (Italienisches Sprichwort).

Vergleiche sind zudem geeignet, einen Vortrag mit einer Brise Ironie oder einem Schuss Polemik zu würzen:

> „Die Lektüre von mit Fußnoten gespickten Texten (ist) gewöhnungsbedürftig. Im Text lesen wir etwas über die Geschichte Preußens, aber in den Fußnoten lesen wir Hinweise zur Entstehungsgeschichte dieses Textes. Das ist so, wie wenn wir einen Witz hören und ihn gleichzeitig erklärt bekommen. Oder wie Noel Coward sagt, als wenn man mitten im Liebesakt zur Tür gehen muß, um einen Besucher zu empfangen, um dann weiterzumachen."[9]

---

9   Dietrich Schwanitz: Bildung. Alles, was man wissen muß. München 2002, S. 462.

Durch *Analogien* können Zeiträume und Zahlen, deren Größe unseren Erfahrungshorizont überschreitet, vorstellbar gemacht werden:

Setzt man das Alter der Erde mit einer Woche gleich, dann ist das Universum etwa zwei bis drei Wochen alt. Der Mensch wäre während der letzten zehn Sekunden aufgetreten. Das „Computerzeitalter" wäre noch keine Sekunde alt.

Pflicht und Kür in der Wissenschaft: Signale setzen, Humor nicht gering schätzen

Für Studierende und Wissenschaftler zwei abschließende Hinweise:

Signale setzen. Vorträge und Referate sollten anschaulich sein und Signale enthalten, die die Bedeutung des Vortrags bzw. Referats unterstreichen. Beruht ein Vortrag – zum Beispiel – auf einer *Analyse*, die zu neuen *Hypothesen* führt, deren Bestätigung eine *Synthese* bislang widersprüchlicher *Ergebnisse* verspricht – dann sollten die Begriffe *Analyse, Hypothesen, Synthese, Ergebnisse* auch zu hören sein. Allgemeiner formuliert: In der Wissenschaft verwendet man die Termini, die angemessen wiedergeben,

- womit man sich wissenschaftlich auseinandersetzt: mit *Determinanten* und *Bedingungen, Kategorien* und *Strukturen, Theorien, Methoden, Ansätzen* usw.;
- und wie das geschieht: *analysieren, vergleichen, interpretieren, erheben, befragen* usw.

Man „erzählt" nicht über drei „Dinge", von denen man „denkt", sondern *untersucht* (*interpretiert* oder *analysiert*) drei *Faktoren* (*Probleme* oder *Zusammenhänge*) und kommt zu dem *Schluss* (*Ergebnis* oder der *These*). Das sind die *sprachlichen* Signale für Wissenschaft. Das sind die Termini, mit denen man verhindert, dass man sein Licht unter den Scheffel stellt.

Humor ist auch in der Wissenschaft erlaubt. Doch Vorsicht: Eine Pointe muss sitzen, damit die Zuhörerinnen und Zuhörer nicht deshalb (gequält) lächeln, weil sie erkennen, das war jetzt humorvoll gemeint. Ein Referat über die PISA-Studie, über das schlechte Abschneiden Deutschlands in internationalen Bildungsvergleichen könnte zum Beispiel so beginnen:

„Entschuldigen Sie", spricht eine Touristin in Rom einen deutschen Touristen an, „können Sie mir sagen, wie ich zur Laokoon-Gruppe komme?"

„Tut mir leid", antwortet er, „wir sind mit *Neckermann* hier."

Happyend: Der Schluss

Der Schluss muss stimmen: Was zuletzt gesagt wird, hinterlässt in der Regel einen bleibenden Eindruck.

Am Ende eines Vortrags steht zunächst eine kurze Zusammenfassung der Hauptgedanken:

- Ich fasse zusammen. Mir ging es erstens um ..., zweitens um ... und drittens um ...
- Zusammengefasst: Ich habe gezeigt, dass erstens ..., dass zweitens ... und dass schließlich ...

Wie man im Anschluss an diese Zusammenfassung wirksam schließt, hängt vom Ziel und Inhalt des Vortrags ab. Eine gute Wahl ist (fast) immer die „Taking-home-message", in der mit wenigen Worten der Vortrag auf den Punkt gebracht wird. Das kann eine Schlussfolgerung, ein Ausblick, ein einprägsames Bild, ein Leitgedanken bzw. Motto sein.

Ist nach dem Referat eine Diskussion vorgesehen, können zum Schluss Fragen für die Diskussion vorgegeben werden – zum Beispiel indem man mit einem Hinweis auf offene Fragen schließt.

Man kann zum Schluss den Zuhörerinnen und Zuhörern für ihre Aufmerksamkeit danken. Muss man aber nicht – schließlich hat man etwas geboten. Wer befürchtet, die Zuhörenden würden ohne das obligatorische „Vielen Dank für Ihre Aufmerksamkeit" nicht merken, dass das Referat zu Ende ist, kann mit folgender Formulierung das Ende ankündigen: „... und damit komme ich zum letzten Satz" (oder „... mit dieser Feststellung schließe ich").

„Diese Feststellung" sollte auch wirklich der letzte Satz sein. Wird etwas Nebensächliches nachgeschoben, beeinträchtigt das die Wirkung des Schlusses. Vor allem Entschuldigungen, Selbstkritik und Hoffnungsfloskeln sollte man sich und dem Publikum ersparen:

- „Nun habe ich ihre Geduld schon genug strapaziert."
- „Ja, das war eigentlich schon das Wichtigste."
- „Ich habe leider vieles nur anreißen können."
- „Ich hoffe, ich konnte dazu beitragen, ..."

Nachdrücklich empfehlen wir: Halten Sie den Schluss Ihres Vortrags oder Referats schriftlich fest. Es gelingt nur Profis, spontan gute Formulierungen für einen runden Schluss zu finden.

3.2 Es genügt nicht zur Sache zu reden: Der Auftritt

Ein guter Vortrag hat einen interessanten Anfang und einen gelungen Schluss. Anfang und Schluss liegen möglichst dicht zusammen – empfahl Mark Twain. Vom Anfang bis zum Schluss spricht man zu Menschen. Was ist dabei zu beachten?

Richtig anfangen

Der Anfang ist zwar nicht, wie Aristoteles meinte, „die Hälfte des Ganzen", aber ein sehr wichtiger Teil eines Vortrags.

Vortrag und Referat beginnen mit einer Pause: Zunächst muss man die Aufmerksamkeit des Publikums auf sich lenken: Man legt sein Manuskript zurecht, nimmt Blickkontakt mit den Zuhörerinnen und Zuhörern auf und wartet, bis Ruhe eintritt. Dann beginnt man langsam, laut und deutlich zu sprechen.

Um Fehlstarts zu vermeiden (vgl. S. 69), sollte man
1. die ersten Sätze eines Vortrags intensiv vorbereiten,
2. diese Sätze Wort für Wort zu Papier bringen,
3. genau das – frei – vortragen, was notiert wurde.

Mit diesem Dreischritt geht man ohne Handikap an den Vortragsstart.

Ohne Handikaps an den Vortragsstart gehen

Entschuldigungen
- „Mein Vorbereitungszeit war so kurz, dass ich nur …"
- „Mir war es leider nicht möglich, …"

Wer ein Referat mit Entschuldigungen beginnt, startet aus der zweiten Reihe.

Drohungen
- „Mein Thema ist zwar außerordentlich kompliziert, dennoch …"
- „Ich kann Ihnen leider einige Details nicht ersparen, weil …"

Wer einen Vortrag mit Drohungen eröffnet, verstimmt die Zuhörerinnen und Zuhörer statt sie einzustimmen:
„Das hat der Zuhörer gern: daß er deine Rede wie ein schweres Schulpensum aufbekommt: daß du mit dem drohst, was du sagen wirst" (Tucholsky Bd. 8, 290).
Entschuldigungen und Drohungen wecken kein Interesse, sondern die Erwartung, dass man (wieder einmal) einen langweiligen oder unstrukturierten Vortrag zu hören bekommt.

Definition
„Mein Thema lautet Personal- und Organisationsaspekte im Geschäftsprozessmanagement. Im Vordergrund steht die Modularisierung von Organisationsstrukturen, wobei Modularisierung definiert werden kann als eine Restrukturierung der Unternehmensorganisation auf der Basis …"
Exakte Definitionen sind meist sehr wichtig. Doch warum sollten sich die Zuhörenden dafür interessieren, was dieser unter jenem versteht, solange sie noch nicht wissen, warum eine Definition oder Begriffsbestimmung notwendig ist?

Seminar-, Besprechungsgeschichte
- „Die Entwicklung der Europäischen Union beschäftigt uns seit Beginn dieses Semesters."
- „Wir haben uns in den letzten Sitzungen intensiv mit der Frage beschäftigt, ob …"

Die Gefahr ist groß, dass man eine unbehagliche Tatsache bewusst macht – und die eine oder der andere deshalb (hörbar) gequält seufzt.

Die Vulgärrhetorik
- „Wir alle sind an der Frage interessiert, ob die Globalisierung der Märkte …"
- „Wir wollen alle ein Rentensystem, das den Erfordernissen der Zeit gerecht wird."

Wir-Floskeln sind vor allem aus zwei Gründen ein Risiko: Sie erinnern an geschraubte Politikerreden. Und ein „Nein" aus dem Publikum kann aus dem Konzept bringen (selbst ein stilles „Nein" bedeutet: Man hat Widerspruch geweckt).

„Mein Thema lautet"
- „Mein Thema lautet neuere Ansätze in der Theorie optimaler Währungsräume."
- „Mein Vortrag behandelt die …"

Wer so steif mit der Tür ins Haus fällt, nimmt das Publikum nicht mit.

Witzigkeit

„Die drei schwierigsten Dinge für einen Mann sind:
– eine Steilwand zu erklimmen, die ihm zugeneigt ist,
– ein Mädchen zu küssen, das ihm abgeneigt ist und
– eine Tischrede zu halten."
Humor ist, wenn man trotzdem lacht. Man muss sicher sein, dass eine Pointe sitzt, und ein Witz keinen schalen Beigeschmack hat (Männer, die Mädchen küssen, begehen eine Straftat). Deshalb sollte man sich bei Freunden oder Bekannten vergewissern, ob eine Pointe verstanden wird und gut ankommt.

---

1 Kurt Tucholsky: Gesammelte Werke. Hrsg. von Mary Gerold-Tucholsky und Fritz J. Raddatz. Reinbek 1993. Bd. 8, S. 290.
2 Günter Lehmann, Uwe Reese: Die Rede. Der Text. Die Präsentation. Frankfurt/Main u.a. 1998, S. 22.

Zwischen Anfang und Ende

Halten Sie Blickkontakt, sitzen Sie bequem, stehen Sie ruhig und fest, sprechen Sie nicht zu schnell und nicht zu leise, machen Sie Pausen und lächeln Sie nur dann, wenn es einen Grund dafür gibt – das sind die Kernaussagen dieses Abschnitts.

Blickkontakt

Zu Menschen reden heißt: Die Zuhörerinnen und Zuhörer anschauen und nicht die Decke, den OH-Projektor, die Leinwand oder die Bäume vor dem Fenster. Es kann über Unsicherheit hinweghelfen, am Anfang den Blickkontakt mit freundlichen Menschen zu suchen: Es gibt nie nur grimmige Zuhörer, sondern immer die eine oder den anderen, die oder der freundlich schaut oder zustimmend nickt. Die Zuhörerinnen und Zuhörer sollten einzeln angeschaut werden – zwischen zwei und zehn Sekunden. Nicht länger, sonst fühlt sich der oder die Angeschaute vielleicht unwohl.

Manuskript

Ein Manuskript ist ein legitimes Hilfsmittel und braucht nicht versteckt zu werden. Lassen Sie sich jedoch von einem ausformulierten Manuskript nicht zum Ablesen verführen. Ist es nicht zu vermeiden, dass Sie bestimmte Passagen ablesen, sollten Sie darauf achten, dass Sie nicht zu schnell lesen. Und Sie sollten berücksichtigen, dass Sprechpausen nicht mit der Zeichensetzung übereinstimmen: Über manche Kommata sprechen wir hinweg und machen dafür an Stellen eine kleine Pause, an denen kein Satzzeichen steht.

Beim Zitieren kann der Blickkontakt mit dem Publikum auf folgende Weise beibehalten werden:

- Zitat mit Blickkontakt ankündigen,
- Zitat langsam vortragen,
- mit Blickkontakt auf das Ende des Zitats hinweisen.

Sitzen

Der Stuhl sollte so nahe am Tisch stehen, dass die Unterarme auf den Tisch gelegt werden können. So lässt sich problemlos gestikulieren. Bleiben die Hände unter dem Tisch, sinken die Schultern nach vorne und macht man sich kleiner.

Zu einer bequemen und korrekten Sitzhaltung gehört es zudem, beide Füße auf den Boden zu stellen und den Rücken zu schonen, indem man die Rückenlehne nutzt.

Stehen

Weder Schillers *Glocke* („Festgemauert in der Erde") noch der Tiger, der unruhig hin und her streift, sollten Vorbilder fürs Stehen sein. So steht man seinen Mann und ihre Frau beim Vortrag:

- mit beiden Beinen fest auf dem Boden stehen, das Körpergewicht gleichmäßig verteilt;
- die Schultern nach hinten nehmen und nicht hoch ziehen;
- den Rücken gerade halten und den Kopf erhoben.

Halten Sie sich nicht am Redepult fest, und beugen Sie sich nicht über das Pult. Schlagen Sie nicht auf das Pult. Solche Schläge sind keine angemessene Form, um ein Argument zu unterstreichen.

Sie sind nur wenig größer als die Redepulte, die gewöhnlich aufgestellt werden? Dann sollten Sie sich darauf einstellen, auch ohne dieses Schutzschild auszukommen, denn nur auf professionell vorbereiteten Kongressen, Tagungen und Parteitagen steht für Sie ein Schemel bereit: Treten Sie neben das Pult oder schieben Sie das Pult mit einer Bemerkung weg (zum Beispiel: „Ich nehme an, sie wollen sehen, wer zu ihnen spricht").

Gestik

Unterstreichen Sie – sparsam – das, was Sie sagen, mit den Händen. Das wird erschwert, wenn Sie
- die Arme hinter dem Rücken oder in Brusthöhe verschränken,
- die Hände falten oder einen Stift hin und her drehen,
- sich am Manuskript festhalten,
- sich am Pult festklammern oder
- sich mit den Händen auf das Pult stützen.

Wohin mit Armen und Händen? Auf den Tisch, wenn Sie sitzen. Wenn Sie stehen: Winkeln Sie einen Arm an, und lassen Sie den anderen locker herunterhängen. Sie werden die Erfahrung machen: Nach einiger Zeit beginnen Sie ganz automatisch, Ihre Rede mit Gesten zu unterstreichen. Wenn Sie in der Hand des angewinkelten Arms ein Manuskript halten, wird der andere Arm diese Funktion übernehmen.

Stehen Sie hinter einem Pult, kann es schwieriger werden. Oft sind Redepulte so hoch, dass gerade noch der Oberkörper zu sehen ist. Verzichten Sie auf Gestik, wenn Sie dafür die Arme sehr weit nach oben nehmen müssten. Ist das Pult nicht zu hoch, empfehlen wir die gleiche Armhaltung wie beim freien Stehen. In jedem Falle sollten Sie nicht zu nahe am Pult stehen.

Studieren Sie keine Gesten ein. Gestik stellt sich dann ein, wenn
- *Sie* für wichtig halten, was Sie vortragen,
- *Sie* überzeugt sind von dem, was Sie sagen.

Nach unserer Erfahrung geht es meist nicht darum, Gestik zu lernen, sondern darum, sich überhaupt Gestik zu gestatten, Gesten zuzulassen, eine raumgreifende Körperhaltung einzunehmen. Beanspruchen Sie Raum. Dann müssen Sie nicht mehr viel über Gestik und Körperhaltung lernen.

Mimik

Wer während eines Vortrags mit sich und der Situation zufrieden ist, darf lächeln. Man sollte nicht lächeln, wenn einem nicht danach zumute ist. Es kommt nur ein Verlegenheitslächeln heraus, das die Wirkung des Gesagten schmälert (ist wohl nicht so ernst gemeint).

Lautstärke

Die Lautstärke muss der Raumgröße angemessen sein. Zu leises Sprechen ist ebenso unangemessen wie zu lautes. „Mit einer sehr lauten Stimme im Hals" ist man „fast außerstande, feine Sachen zu denken" (Nietzsche). Und man verbaut sich die Möglichkeit einer Steigerung zur Betonung wichtiger Passagen. Der Wechsel von einer angemessenen Lautstärke zum leiseren Sprechen kann eindringlich wirken und die Aufmerksamkeit des Publikums erhöhen.

Pausen

Selten wird bei Vorträgen zu langsam gesprochen, aber häufig zu schnell. Etwa 100 Wörter in der Minute sind angemessen. Wenn man in Eifer gerät, können es auch 120 sein. Mehr sind zu viel
- für die Zuhörerenden: Sie können nicht mehr folgen;
- für die Sprecherin oder den Sprecher: Nach einiger Zeit stellt sich Atemnot ein.

Deshalb sollte man nicht „ohne Punkt und Komma" sprechen, sondern Pausen machen. Pausen sind
- ein rhetorisches Mittel: Man lässt eine wichtige Aussage oder Frage wirken, indem man eine kurze Pause anschließt;
- ein Gliederungsmittel. Man sollte nach jedem Hauptgedanken durch eine Pause signalisieren: Es folgt eine neue Überlegung;
- eine Wohltat für die Rednerin und für die Zuhörer: Pausen geben Gelegenheit, Luft zu holen und nachzudenken;
- notwendig, um sich zu sammeln und bei Aufregung ruhiger zu werden.

Sprechtempo

Wichtig ist ein Wechsel im Sprechtempo. Ein gleichmäßig schnelles Tempo nervt, ein kontinuierlich ruhiges Tempo ermüdet. Deshalb: die entscheidenden Passagen mit Nachdruck vortragen, mit Betonung und Pausen. Bei Beispielen und leicht verständlichen Sachverhalten kann man im Tempo etwas zulegen. Zudem ist darauf zu achten, dass die Stimme am Ende eines Satzes weder fragend höher noch leiser wird. Das nimmt einer Aussage Kraft und Wirkung.

Wirkungsvoll schließen

Der Schluss muss wirklich der Schluss sein. Alles hat ein Ende. So manches Referat hat zwei: Die Professorin, der Student oder die Managerin kündigt an, „ich komme zum Schluss" – und redet munter weiter.

„Kündige den Schluß deiner Rede lange vorher an, damit die Hörer vor Freude nicht einen Schlaganfall bekommen ... Kündige den Schluß an, und dann beginne deine Rede von vorn und rede noch eine halbe Stunde. Das kann man mehrere Male wiederholen."[10]

Das Ende eines Referats oder Vortrags sollte in doppelter Hinsicht wirken: inhaltlich und atmosphärisch.

Inhaltlich: Der letzte Satz sollte Eindruck machen, keine Entschuldigung oder Hoffnungsfloskel sein (vgl. Seite 68). Beendet man zum Beispiel einen Vortrag mit einer pointierten Schlussfolgerung, verpufft deren Wirkung – und damit der Schluss insgesamt –, wenn eine Nebensächlichkeit, eine Entschuldigung oder eine Floskel anhängt wird. Deshalb: den Schlusssatz wirken lassen.

Atmosphärisch: Wenn man erleichtert ist, dass man das Referat „über die Bühne gebracht" hat, ist das kein Grund, hörbar zu seufzen, laut durchzuatmen oder fluchtartig das Redepult zu verlassen. Den Zuhörenden sollte nicht der Eindruck vermittelt werden, der Referent hätte etwas *überstanden*, von der Rednerin sei eine *Last* gefallen. Vielmehr sollte signalisiert werden: Es

---

10 Kurt Tucholsky: Gesammelte Werke. Hrsg. von Mary Gerold-Tucholsky und Fritz J. Raddatz. Reinbek 1993. Bd. 8, S. 292.

hat sich gelohnt zuzuhören: Deshalb sollte nach dem letzten Satz eine Wirkungspause folgen:

- man schaut die Zuhörerinnen und Zuhörer freundlich an,
- lässt dem Publikum Zeit für Applaus und
- der Sitzungs-, Seminar oder Tagungsleitung Zeit für einen Dank oder zur Aufforderung, Fragen zu stellen.

Kleine Pannen souverän meistern

Kleine Pannen sind bei einem Vortrag erlaubt und nicht außergewöhnlich. Wer dem Laster der Perfektion frönt und sich solche kleinen Pannen nicht gestattet, macht sich das Leben unnötig schwer. Welche Pannen können während einer Vortrags„reise" auftreten? Wie sind sie zu beheben?

Das treffende Wort fehlt

Wenn das passende Wort nicht zur Stelle ist, setzt man mit einer Umschreibung das Referat fort. Gelingt das nicht, hilft ein „Geständnis": „Mir fehlt der treffende Begriff" – und man bekommt Hilfe von den Zuhörenden. Eine andere Möglichkeit: Man stellt sich die rhetorische Frage: „Wie kann ich es treffend formulieren?" – und verschafft sich so eine Denkpause.

Der verunglückte Satz

Es ist kein Drama, einen Satz mit kleinen Grammatik-Verstößen zu beenden – einfach weitersprechen, sofern problemlos zu verstehen ist, was gemeint ist. Oder – ohne Entschuldigung – das entsprechende Wort verbessern. Kommt man mit einem Satz nicht mehr klar, bricht man ihn ab und fängt neu an. Man kann schlicht sagen: „Ich beginne den Satz noch mal neu." Oder man blufft ein bisschen:

- „Ich möchte es besser formulieren."
- „Präziser ausgedrückt ..."
- „Genauer gesagt ..."

Der Bluff wird durchschaut, wenn sich solche Formulierungen häufen. Vorbeugen ist besser als versprechen. Vorbeugen heißt: kurze Sätze formulieren.

Der Versprecher

Über kleine Versprecher, die den Sinn einer Aussage nicht entstellen, geht man hinweg. Niemand ist perfekt. Wird der Sinn entstellt, korrigiert man sich ohne Entschuldigung: „Ich meine natürlich nicht Finanz*kreise*, sondern Finanz*krise*.“

Mit der Größe des Wortschatzes nimmt die Wahrscheinlichkeit zu, dass man sich verspricht. Deshalb sollte man einen Versprecher als Kompliment nehmen. Spricht man vom *Kreisgeldlauf* oder *vom Kalb um den goldenen Tanz*, merkt das niemand, oder man hat für einen Moment der Heiterkeit gesorgt. Deshalb gibt es keinen Grund, einen Versprecher hektisch zu korrigieren. Ein Lächeln kommt besser an.

Der verlorene rote Faden

Die Zuhörerinnen und Zuhörer wissen nicht, was man als Nächstes sagen wollte. Und sie registrieren nicht jeden kleinen Fehler im Ablauf. Ist „der Faden gerissen“, entsteht eine kleine Pause. Niemand ist darüber irritiert. Man schaut ins Manuskript, wie es weitergeht. Und spricht weiter, wenn die Anschluss-Stelle gefunden wurde. Es ist üblich, nach einer gewissen Zeit der freien Rede einen Blick ins Manuskript zu werfen um sich zu vergewissern, was als Nächstes angesprochen werden soll.

Ein anderes Mittel, den Anschluss wieder zu finden, sind Zwischen-Zusammenfassungen:
- „Ich fasse diesen Punkt kurz zusammen.“
- „Ich möchte noch einmal betonen ...“[11]

Etwas vergessen

Wenn man ein zentrales Argument, eine wichtige Information übersprungen hat, trägt man das Argument, die Information bei passender Gelegenheit – aber nicht in der Zusammenfassung – nach:
- „Ein wichtiger Gesichtspunkt fehlt noch ...“
- „In diesem Zusammenhang ist zu ergänzen ...“
- „Dabei ist allerdings zu berücksichtigen, und das habe ich bisher noch nicht getan, dass ...“

---

11 Ein Blackout im Wortsinne ist eher die Ausnahme. Der Eindruck eines Blackouts entsteht meist deshalb, weil die drei oder vier Sekunden, die es dauert, bis man den „Faden“ wieder gefunden hat, als „ewig“ *erlebt* werden.

Und wenn ...? Es sind noch mehr Pannen denkbar. Jedes Publikum mag kleine Fehler. Wenn man sich diese Tatsache vor Augen hält, dann bekommt man den Kopf frei, um mit der Zeit souverän mit kleinen Fehlern umgehen zu können – zum Beispiel eine „Lehre" daraus zu ziehen, wenn man eine Folie verkehrt herum aufgelegt hat: „Sie sehen, alles hat wirklich zwei Seiten. Nur ist die eine Seite manchmal schwer zu entziffern."

Das gelingt mit einiger Erfahrung – aber nur dann, wenn man sich kleine Fehler und Schwächen gestattet. Zum Beispiel das Rotwerden. Nimmt man das Rotwerden nicht so wichtig, verringert sich das Problem mit der Zeit deutlich. Hat man während eines Referats den Eindruck, einen knallroten Kopf zu bekommen, sollte man im Anschluss einen Freund oder eine Freundin fragen, ob er oder sie das bemerkt hat. Häufig täuscht der eigene Eindruck. Man meint, der Kopf glüht, doch die anderen nehmen allenfalls ein leichtes Erröten wahr.

Ein Vortrag oder Referat sollte interessant und informativ sein und verständlich und anschaulich vorgetragen werden. In Seminaren wählen die Zuhörerinnen und Zuhörer nicht den „Vortrags"-Superstar. Vielmehr wollen sie sich nicht langweilen und etwas lernen. Ein Versprecher langweilt nicht. Vielmehr lernt man daraus, dass andere auch Fehler machen. Wenn die Zuhörerinnen und Zuhörer mehr lernen sollen: Siehe den ersten Satz dieses Absatzes.

3.3 Tausend Paukenschläge ergeben noch keine Symphonie: Medien gezielt einsetzen

Es gibt Autoren, die versprechen, man könne in 30 Minuten lernen, „professionell" zu präsentieren.[12] Und es gibt Autoren, die meinen, „Vieles von dem", was einen „guten Redner" ausmache, sei „heute durch den Einsatz medientechnischer Hilfsmittel erreichbar"[13]:

---

12 Reinhard Philippi: 30 Minuten für eine professionelle Beamer-Präsentation. Offenbach 2003.
13 Wolfram Breger, Heinz Lothar Grob: Präsentieren und Visualisieren. München 2003, S. 7.

„Die Medientechnik liefert Arbeitsmittel, Gedächtnis- und Gliederungshilfe und unterstützt dadurch den Vortragenden vielfältig. *Multimedia kann durchaus mangelnde rhetorische Qualität des Redners überspielen*". [14]

Wer es glaubt, wird unglücklich. Oder – schlimmer noch – macht andere unglücklich: die Zuhörerinnen und Zuhörer. Wer sich nicht, wie in den vorangegangen Abschnitten erläutert, auf sein Publikum einstellt, wird vielleicht mit vielen oder bunten Bildern und Grafiken aufwarten, aber nicht mit interessanten und aufschlussreich visualisierten Informationen. Wem eingespielte Vortragsroutine genügt, wer schlechten Vorbildern folgt, der oder dem helfen weder OH-Folie noch *PowerPoint* und Beamer. Wer kennt sie nicht, die Folien-Schleuder und den „Ich-hab'-da-noch-ein-Chart"-Langweiler? Zwei Beispiele.

In einem *Leitfaden für Naturwissenschaftler und Ingenieure* wird für den gelungenen Anfang eines Vortrags empfohlen:

„Die Einleitung stellt einen sehr wichtigen Teil des Vortrags dar. Denn in den ersten 1-2 Minuten entscheiden sich die Zuhörer, ob sie weiter dem Vortrag *beiwohnen* oder lieber gehen sollten. *Das hat zur Folge*, daß
– ein werbewirksamer und *geschmackvoller* Titel gewählt werden sollte und
– die Inhaltsangabe eine Bereicherung versprechen muß.
All dies kann durch eine gute Titel- und Gliederungsfolie unterstützt werden. (...)
Jeder Vortrag sollte demzufolge zunächst mit einer Titelfolie eingeleitet werden, um folgende wichtige Fragen zu klären:
– Wie lautet der Vortragstitel?
– Wer sind die Autoren der Arbeit?
– Von welcher Organisation kommen die Autoren?
(...)
Direkt im Anschluß an die Titelfolie kommt eine Folie mit einer Übersicht über die Gliederung des Vortrags. Diese Folie trägt dementsprechend den Titel ‚Gliederung', ‚Inhalt' oder Vergleichbares."[15]

---

14 Ebd. – Herv. N.F./J.St.
15 Ermuthe Meyer zu Bexten, Rainer Brück, Claudia Moraga: Der wissenschaftliche Vortrag. Leitfaden für Naturwissenschaftler und Ingenieure. München, Wien 1966, S. 37f. – Herv. N.F./J.St.

Tucholsky lebte nicht im Medienzeitalter, sonst hätte er seine *Ratschläge für einen schlechten Redner* vielleicht so formuliert:

Fange nie mit dem Anfang an, sondern immer drei Meilen vor dem Anfang! Etwa so: „Meine Damen und meine Herren! Bevor ich zum Thema des heutigen Abends komme, lassen Sie mich Ihnen kurz zwei Folien präsentieren." Hier hast Du schon so ziemlich alles, was einen schönen Anfang ausmacht: eine steife Anrede; der Anfang vor dem Anfang; die Ankündigung, dass du beabsichtigst, Folien zu zeigen, und das Wörtchen kurz. So gewinnst Du im Nu die Herzen und die Ohren der Zuhörer.

Wir übertreiben. Meyer zu Bexten u.a. beschreiben den Vortrags*alltag* in den Naturwissenschaften. Fast jeder Vortrag von (deutschen) Biologen, Chemikerinnen oder Physikern fängt so an, wie es in ihrem *Leitfaden* empfohlen wird – nur die Titel sind zur Enttäuschung der *beiwohnenden* Zuhörerinnen und Zuhörer nicht immer *geschmackvoll*.[16] Sie machen daher als Biologin, Chemiker oder Physikerin nichts falsch, wenn Sie (in Deutschland) auch so anfangen.

Wenn Sie mehr wollen als nichts falsch machen, wenn Sie zu einem Vortrag in Boston oder Chicago eingeladen sind, wenn Sie zu Menschen sprechen, die nicht zur Scientific Community gehören – dann sollten Sie Vorträge anders anfangen. Dann sollten Sie versuchen, einen interessanten Einstieg zu finden (vgl. Seite 54f.) und Ihr Publikum nicht mit zwei banalen Folien langweilen.

Zweites Beispiel: Der Marketingleiter eines großen Unternehmens und sein Team haben gute Arbeit geleistet – um ein miserables Ergebnis zu erzielen. 90 Minuten präsentiert der Mann vor der Unternehmensleitung eine sorgfältig ausgearbeitete Stärken-Schwächen-Analyse des Marketings. Ins Bild gesetzt mit 60 Charts. Weil kein Detail, das in den schriftlichen Unterlagen durchaus seinen Platz hätte, ausgespart bleibt, weil jeder Randaspekt ausführlich referiert wird, ist die Stimmung nach 30 Minuten auf dem Tiefpunkt. Alle haben den Versuch aufgegeben,

---

16 Wenn ein *geschmackvoller* Vortragstitel „gewählt werden sollte", damit die Zuhörer länger als 1-2 Minuten *beiwohnen*, dann ist das keine *Folge*, sondern eine Empfehlung von Meyer zu Bexten u.a. – und ein schönes Beispiel, welcher Sprachmurks aus der in manchen Disziplinen zwanghaften Vermeidung des Wörtchens *Ich* entstehen kann.

die an die Wand projizierte Datenmenge aufzunehmen. Die
Führungsetage wollte keinen Fleißnachweis sehen und hören.
Sie erwartete *Erkenntnisgewinn* und keine mit vielen Tabellen
und Diagrammen ausgebreitete Detailfülle, keine Wiederho-
lung, sondern eine *Aufbereitung* der komplexen Analyse. Kurz:
die Unternehmensleitung wollte klare, überschaubare Feststel-
lungen und präzise, handlungsorientierte Schlussfolgerungen
hören und nicht viele Folien sehen.

Was Wichtiges zu zeigen haben

Aus den beiden Beispielen lassen sich mindestens zwei Schlussfolgerungen ziehen:
- Der Einsatz von Folien setzt voraus, *dass* man etwas zu zeigen
  hat.
- Beim Visualisieren kommt es darauf an, sich auf das *Wesentliche* zu konzentrieren.

Ein Vortrag über Goethes *Wahlverwandtschaften* lässt sich nicht
visualisieren. Ein Bild von Goethe haben alle schon gesehen.
Und die Interpretation der Wahlverwandtschaften oder der Entwicklung von Ottilie bedarf des Mediums Sprache. Es ist kein
Unglück, Folien mit dem Titel oder der Gliederung des Vortrags
aufzulegen. Allerdings verleitet dieser Zugang dazu,
- einfallslos mit der Tür ins Haus zu fallen („Mein Thema lautet
  …" oder „Ich will über …") statt das Thema für die Zuhörenden interessant zu machen,
- die Gliederung lediglich aufzuzählen statt sie zu begrün-
  den.

Solche Folien halten davon ab, „mit der Erwägung einer Wirkung" (Edgar Allan Poe) zu beginnen: Aufmerksamkeit zu wecken.
   Für einen Vortrag über die Inszenierungsgeschichte der *Wahlverwandtschaften* drängt sich die Bildsprache gerade zu auf –
und es kommt vor allem darauf an, wesentliche Unterschiede
ins Bild zu setzen und einen visuellen Kollaps zu vermeiden.
Anders formuliert: Folien sollen nicht – wie im Beispiel der
missratenen Präsentation des Marketingleiters – zeigen, was man

alles weiß. Sie dienen vielmehr dazu, Informationen zu gestalten. Gestaltungsleitlinie ist die Frage: *Was sollen die Zuhörerinnen und Zuhörer der Folie entnehmen?*

Wer zuviel zeigt, erschöpft das Publikum und verfehlt das Ziel, die zentralen Aussagen, die Kerninformationen bzw. Botschaften hervorzuheben.

Visualisieren oder nicht visualisieren? Die Frage kann mit folgender Faustregel beantwortet werden:

- Zentrale Aussagen bzw. Anliegen werden visualisiert;
- Belege, Hintergrundinformationen, Daten, Zahlen, Fakten stehen im Handout (vgl. Seite 84);
- Beispiele, Schilderungen, Ergänzungen werden nur mündlich vorgetragen.[17]

In Zeit und Menge ausgedrückt: nicht mehr als 10 Folien in 30 Minuten. Wenn die Informationen auf einer Folie nicht genügend Stoff bieten, um 3 Minuten darüber zu sprechen, dann enthält sie nichts Wesentliches, dann ist die Folie entbehrlich. Der Einsatz von Medien verliert seinen Sinn, wenn zu (fast) jeder Folie nur das gesagt wird, was auf der Folie steht. Die Zuhörenden werden zu „Zuleserinnen" und „Zulesern". Der Redner bzw. die Vortragende wird zum „Vorleser" bzw. zur „Vorleserin".

Bei Textfolien heißt *zuviel zeigen* auch: ganze Sätze zu präsentieren (wie in Abbildung 43) statt Informationen aufzubereiten (vgl. Abbildung 44). Der ausformulierte Text hat seinen Platz im Manuskript. Auf eine Folie oder ein Flip-Chart gehört die Essenz.

Es muss also unterscheiden werden zwischen dem, was *gesagt* und dem, was *gezeigt* werden soll. Beim Zeigen geht es nicht um grafische Glanzleistungen, sondern um die Herausarbeitung des Wesentlichen. Das Wesentliche kann als Textfolie präsentiert werden – zum Beispiel mit folgenden Schlüsselbegriffen:

---

17 *Faustregeln* sind, wie der Name sagt, nicht sehr differenziert. Wenn es – zum Beispiel in den Naturwissenschaften – um das Erklären von Abläufen oder sinnlich nicht wahrnehmbaren Zusammenhängen geht, ist diese Einteilung nur bedingt brauchbar.

Präsentations-Techniken

Unterleg-/Ergänzungstechnik

Bei dieser Technik liegt eine vorgefertigte Folie mit einem Grundmuster unter einer unbeschriebenen Folie (oder – sofern vorhanden – unter der Rollenfolie). Die unbeschriebene Folie wird während der Präsentation ergänzt. Die darunterliegende Folie mit dem Grundmuster bleibt unverändert und kann wieder verwendet werden.

Überleg-(Aufbau-, Overlay)Technik

Diese Technik ist besonders anschaulich und gut geeignet, einen komplizierten Zusammenhang zu erläutern. Durch Übereinanderlegen mehrerer Folien wird das Schaubild schrittweise aufgebaut. Dabei können bis zu acht Folien (Stärke 0,08 mm) übereinandergelegt werden.

Figurinentechnik

Hierbei wird eine Folie mit einer Schere in verschiedene Teile zerlegt, die der Reihe nach aufgelegt werden. Ebenso wie bei der Überlegtechnik ist das Ziel dieser Technik, einen Sachverhalt schrittweise zu entwickeln. Hinzu kommt aber noch der Vorteil, dass die verschiedenen Elemente oder Figuren auf der Arbeitsfläche des Projektors nach Belieben bewegt (also z. B. Prozesse, Abläufe, Bewegungen simuliert) werden können.

Abbildung 43: Text-Fülle statt Informationsaufbereitung

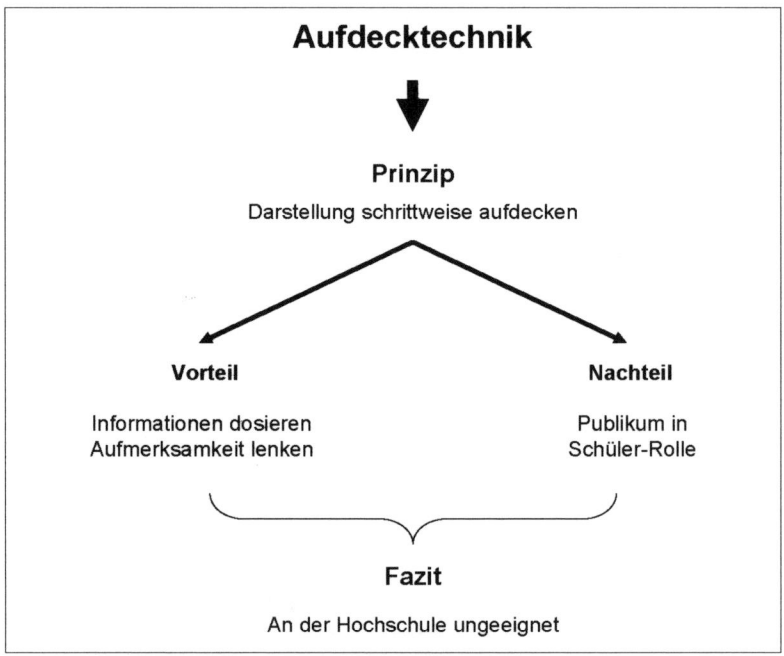

Abbildung 44: Informationen gestalten – Beispiel Textfolie

Erfolgsbedingungen
1. Gemeinsame Leitziele festlegen
2. Ziele operationalisieren
3. Prioritäten setzen
4. Gemeinsam handeln

Eindrucksvoller ist die Übersetzung in ein Bild, das Beziehungen sichtbar macht (Abbildung 45).

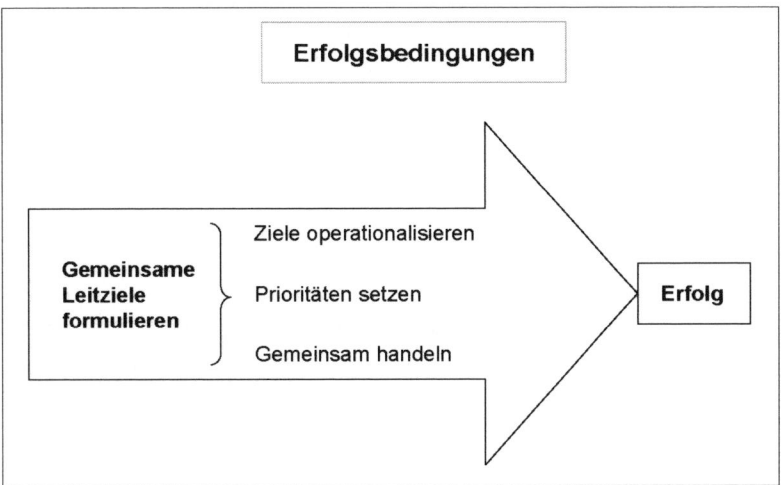

Abbildung 45: Visualisierte Schlüsselbegriffe

Visualisieren hat viele Gemeinsamkeiten mit dem Einsatz von Zitaten in einem Vortrag, Referat oder in einer Rede: Mit einer *gelungenen* Visualisierung kann man – wie mit einem *treffenden* Zitat – seine Gedanken unterstützen: präzisieren, anschaulicher oder eindringlicher präsentieren – und damit einem Vortrag oder Referat Glanz verleihen.

Bilder sind wie Zitate ein *Mittel*. Sie sind kein Ziel und kein Ersatz für prägnante Aussagen und verständliche Informationen. Deshalb kommt es bei der Vorbereitung darauf an, zunächst die Kernaussagen zu skizzieren. Erst dann sollten Zitate ausgewählt bzw. geprüft werden, ob und wie diese Kernaussagen so ins Bild gesetzt werden können, dass sie diese Aussagen stützen und die Rede zum Klingen bringen bzw. „ins Auge stechen" lassen. Man landet in einer Sackgasse, wenn man den umgekehrten Weg beschreitet und erst nach Zitaten oder Bildern sucht, um die herum ein Referat oder eine Rede konzipiert werden soll: Im Glanz starker Bilder oder guter Zitate wird man blass aussehen. Die Reihung von Zitaten wird als das durchschaut, was sie ist: Imponiergehabe. Bilder-Reihungen führen zur visuellen Übersättigung und lassen den Zweifel aufkommen, ob diese Bilder vielleicht ein Ersatz für treffende Worte sind.

Damit Bilder und Zitate einen Vortrag wirklich beleben, müssen sie *treffend* sein. Ein Bild und ein Zitat erfüllt seine Funktion nicht, wenn es dem Publikum Rätsel aufgibt. Bilder und Zitate müssen eindeutig sein, damit sie die Aussage bzw. das Anliegen einer Rede unterstützen.

Handout

Vorträge und Referate sollten mit Medien veranschaulicht und mit einem Handout entlastet und abgerundet werden. Das können Kopien der wichtigsten Folien sein oder Unterlagen mit den relevanten Zahlen, Daten und Formeln, mit Definitionen, Begriffen und weiterführenden Literaturhinweisen oder Daten über Personen. Solche Handreichungen entlasten und erleichtern das Vortragen und das Aufnehmen.

- Die Zuhörenden können sich besser auf den Vortrag konzentrieren, müssen weniger mitschreiben und haben die Möglichkeit zum Nachlesen.
- Der oder die Vortragende kann sich besser auf das Wesentliche konzentrieren und leichter seinen oder ihren roten Faden spinnen.

Ein Handout sollte

- alle notwendigen Angaben enthalten (wer spricht über was in welchem Zusammenhang),
- kurz, knapp und übersichtlich sein,
- dem Aufbau des Vortrags folgen,
- Raum für Notizen lassen.

Zur Kür gehört eine „Themen-Landkarte", die am Anfang des Handouts steht und einen Überblick über die Themen bzw. die Struktur des Referats gibt.
Mit PowerPoint können problemlos Handouts mit Verkleinerungen der Folien erstellt werden (vgl. Seite 130ff.). Wer diese Möglichkeit nutzt, sollte zwei Punkte beachten:

- Die besten Vorlagen erhält man mit den Druck-Optionen „Reines Schwarzweiß" und „Folien Rahmen". Zudem sollte für den Ausdruck auf einen farbigen Folien-Hintergrund verzichtet werden.
- Großzügig sein: Handouts mit nur drei Folien auf einer Seite lassen den Zuhörerinnen und Zuhörern genügend Platz für Notizen.

Es gibt kein Patenrezept, wann ein Handout verteilt werden sollte. Gleich, ob man Unterlagen zu Beginn oder am Ende des Vortrags verteilt: Die Zuhörerinnen und Zuhörer sollten zu Beginn informiert werden, ob und wann sie Unterlagen erhalten.

Wer probt gewinnt

„Steht" ein Vortrag oder Referat, sind das Manuskript und die Folien geschrieben bzw. gestaltet – geht die Vorbereitung weiter: Vor dem „Auftritt" kommt die Probe. *Rehearsel* ist das englische Wort für die Probe im Theater. Streicht man die letzten drei Buchstaben, hat man eine Probeanleitung: *rehear.* Wie oft sollte man „wiederhören"? Wir empfehlen: einen Vortrag oder ein Referat viermal *laut* vorzusprechen – und zu prüfen, ob

- an bestimmten Stellen Formulierungen verunglücken oder Sätze geschraubt klingen;
- die Übergänge stimmen und verständlich sind;
- man Beispiele und Fragen, Anfang und Ende frei sprechen kann.

Zudem kann nur durch ein lautes Sprechen festgestellt werden, wie lange das Referat dauert. Die „richtige" Länge gibt es nicht. Häufig wird zur Frage nach der „idealen" Vortragsdauer Luther zitiert: „Tritt fest auf, mach's Maul auf, *hör bald auf!"* An den ersten Teil des Satzes sollte man sich auf jeden Fall halten. Den zweiten Teil sollten sich alle zu Herzen nehmen, die schlecht vorbereitet sind. Ob ein Vortrag „zu lang" ist, hängt in erster Linie davon ab, ob die Rednerin oder der Redner etwas Interessantes anschaulich vorträgt oder nicht. Bei manchen Vorträgen kommt schon nach fünf Minuten der Wunsch auf, „hoffentlich ist es bald vorbei". Bei anderen bedauert man nach neunzig Minuten, dass der Vortrag „schon" zu Ende ist.

Die Sprechprobe

- hilft, gezielt am Referat zu feilen, einem Vortrag den letzten Schliff zu geben.
- dient dazu, sich mit dem Manuskript vertraut zu machen: Pausen zu „sehen", Anschlüsse mühelos zu „finden".
- lässt „Klangbilder" im Kopf entstehen: Für viele Formulierungen braucht man nicht ins Manuskript zu schauen, über bestimmte Übergänge muss man nicht mehr nachdenken. Sie entstehen „wie von selbst".

Diese Phase der Vorbereitung ist unverzichtbar: Geschliffene Vorträge sind deshalb wohltuend, weil das Geräusch des Schleifens bereits verklungen ist.

Beim Einsatz von Folien kommt die Notwendigkeit hinzu, sich mit der Folien-Abfolge vertraut zu machen, die angemessene An- und Abbindung von Folien zu proben. Jede Folie muss eingeführt und abgeschlossen werden – zum Beispiel so:

- Folie abschließen: „Diese vier Faktoren bedürfen einer näheren Analyse. Darum soll es im Folgenden gehen."
- Neue Folie ankündigen: „Ich beginne mit der Analyse der Mitbewerber. Hier ergibt sich folgendes Bild:"
- Neue Folie zeigen und kurz wirken lassen.
- Folie erläutern.
- Folie abschließen – usw.

Dieser Teil der Vorbereitung ist insbesondere dann unerlässlich, wenn die Erstellung von Folien oder einer *PowerPoint*-Präsentation an einen Mitarbeiter oder eine Mitarbeiterin delegiert wurde.

Zudem ist es hilfreich,

- eine Gliederungsübersicht der Folien ausdrucken, um die Reihenfolge stets im Blick zu haben;
- sich beim Einsatz von PowerPoint einen Kurzbefehl zu merken: Mit „w" und „," kann man Folien ausblenden und erhält einen weißen Bildschirm, was zum Beispiel dann nützlich sein kann, wenn man auf eine Frage eingeht, die nichts mit dem Inhalt der Folie zu tun hat, die gerade gezeigt wird. Mit einem Klick auf „w" bzw. „," kehrt man zur Bildschirmpräsentation zurück.

Last but not least sollte man den Bildschirmschoner des Laptops ausschalten.

Zur Generalprobe gehört – jedenfalls dann, wenn man nicht in vertrauten Seminarräumen auftritt oder am gewohnten Arbeitsplatz präsentiert – der Technik-„Check" vor Ort. Geprüft werden muss, ob

- der OH-Projektor funktioniert (und die Glasplatte sauber ist),
- die Tafel gewischt ist,
- das Mikrofon funktioniert,
- das Flip-Chart eventuell umgestellt werden muss,
- das Redepult nahe genug am OH-Projektor steht,
- ob gelüftet werden muss, weil die Luft schlecht ist.

Wer seinen Laptop an einen fremden Beamer anschließt, sollte sich – bevor die Zuhörerinnen und Zuhörer eintreffen – vergewissern,

- ob die Bilder auf der Projektionsfläche scharf sind. Ist dies nicht der Fall, muss unter Umständen die Bildauflösung des Laptops an die des Beamers angepasst werden;
- dass das Notebook so platziert werden kann, dass problemlos Blickkontakt zum Auditorium möglich ist.

Kurz: Bevor man etwas „über die Bühne bringt", sollte man sich die Zeit nehmen, die Bühne seinen Wünschen und den Erfordernissen eines guten Auftritts anzupassen.

In jedem Falle sollte genügend Zeit zur Verfügung stehen, um in aller Ruhe die Unterlagen zurechtlegen zu können und nicht coram publico die Handout-Kopien zu sortieren oder in der Aktentasche nach dem Laserpointer zu suchen.

Und wenn …

- … *das Bild verschwindet?* Ist meist der Laptop in den Energiesparmodus gewechselt. Deshalb sollte man vor einer Präsentation in der Systemsteuerung den Energiesparmodus auf maximale Dauer oder ganz ausstellen.
- … *der Laptop ausfällt?* Haben Profis eine Datensicherung mit.
- … *der Beamer ausfällt?* Sollte man – wie bei jeder anderen technischen Panne – nicht über die Technik lamentieren und keine langwierigen Reparaturversuche starten. Auf der sicheren Seite ist, wer auf OH-Folien zurückgreifen kann.
- … *ein Teilnehmer das vorvorletzte Diagramm noch einmal sehen möchte?* Dann ist das kein Problem, wenn eine Gliederungsübersicht (vgl. Seite 86) vor sich liegen hat: Man

braucht lediglich die gewünschte Foliennummer einzugeben und „enter" zu drücken.

Vermeiden Sie ...

- **Folien als Gedächtnisstütze nutzen:** Folien sind kein Manuskriptersatz (vgl. Seite 93).

- **Text vorlesen, der auf der Folie steht:** Das Publikum kann lesen. Wenn man zu dem, was auf der Folie steht, nichts hinzufügen kann, ist die Folie überflüssig (vgl. Seite 137).

- **ClipArt einsetzen:** Die Bildchen sind allenfalls für ein Publikum interessant, das noch nie an einem PC saß.

- **Ganze Sätze:** Textfolien sollen das gesprochene Wort nicht ersetzen. Deshalb: Schlüsselwörter statt Sätze (vgl. Seite 81 und Seite 135).

- **WortArt:** Diese Vorlage für Gestaltungslaien ist völlig in Ordnung, wenn der Bäcker um die Ecke darauf hinweisen will, dass er künftig auch am Sonntag geöffnet hat. Ansonsten gilt die Maxime: Farben und Schriften zielgerichtet, sparsam und seriös einsetzen (vgl. Seite 103 und Seite 105).

- **Drohen:** Der Hinweis „Folie 1 von 48" schreckt ab.

- **Überflüssiges in die Fußzeile packen:** Dateinamen („Vorträge 2005/Bilanzanalyse.ppt") sind ebenso überflüssig wie die Sorge, die Zuhörenden könnten sich den Namen des Vortragenden nicht merken und deshalb müsse er auf jeder Folie stehen.

---

4 Klassiker und Fossile: Womit visualisieren?

Es gibt nicht *das* ideale Medium für die Unterstützung eines Vortrags, für die Lehre oder die Präsentation eines Projekts.

Der Pädagoge Hartmut von Hentig merkte vor gut zwanzig Jahren an, er würde Tafel und Kreide wählen, müsste er „unter alten und neuen Unterrichtsmitteln ein einziges wählen"[1]. Man kann diese Wahl als nostalgisch belächeln. Und man kann, wenn man hinreichend oft „zugebeamt" wurde, Hentigs Entscheidung als Plädoyer für eine Entschleunigung von Vorlesungen und Präsentationen auffassen, für weniger darbietende und mehr entwickelnde Lehr- und Lern-Arrangements.

Wie auch immer: Der Einsatz von Medien ist kein Ersatz für inhaltliche Stringenz und didaktische Kompetenz. Medien sind Mittel zum Zweck. Was ist zu beachten, damit ein Medium seinen Zweck erfüllt? Diese Frage steht auf den folgenden Seiten im Mittelpunkt.[2]

Einleitend fünf Hinweise darauf, was beim Einsatz von Medien generell zu beachten ist – unabhängig davon, ob man die Tafel, den Overhead-Projektor oder ein anderes Medium einsetzt:

1. Die Medienauswahl muss die Teilnehmerzahl und die Raumgröße berücksichtigen
    Alle müssen von ihrem Platz gut sehen können.

2. Nicht die Sicht versperren
    Stehen Sie nicht vor, sondern neben der Tafel, dem Projektor usw.

3. Der Text muss lesbar sein
    Alle müssen alles gut lesen können.

---

1   Hartmut von Hentig: Das allmähliche Verschwinden der Kindheit. München, Wien 1984, S. 22.
2   Auf das Medium Film bzw. Video gehen wir aus zwei Gründen nicht ein: Bewegte Bilder selbst *herzustellen* ist ein sehr anspruchsvolles Vorhaben, das nicht auf einigen Seiten erläutern lässt. Der *Einsatz* von Filmen und Videos erfordert vor allem didaktische Überlegungen, die sinnvoll nur im fachlich-inhaltlichen Kontext anzustellen sind.

4. Zum Publikum sprechen
    Immer Blickkontakt zu den Zuhörerinnen und Zuhörern halten.

5. Keine Hektik
    Alle müssen genügend Zeit haben, das Gezeigte lesen, aufnehmen und sich Notizen machen zu können.

4.1 Klassiker: Die Tafel

Die *Kreide*-Tafel ist ein Medien-Klassiker. Sie ist vor allem geeignet, um

*   ein Thema schrittweise zu entwickeln,
*   Fachtermini, Namen und Zahlen zu notieren,
*   Themen und Vorschläge zu sammeln.

Es kostet Zeit, etwas an die Tafel zu schreiben oder zu zeichnen. Zeit ist kostbar. Deshalb sollte man abwägen, ob Folien oder andere Medien, die vorbereitet werden können, zweckdienlicher sind.

Das Medium Tafel ist mit drei Nachteilen verbunden:

*   Beim Anschreiben bricht der Blickkontakt zu den Zuhörerinnen und Zuhörern ab.
*   Der Platz auf einer Tafel ist begrenzt. Das kann dazu führen, dass Erläuterungen, Zeichnungen usw. weggewischt werden müssen und nicht während des gesamten Vortrags zur Verfügung stehen.
*   Tafelbilder können nicht aufbewahrt werden.

Ein gutes Tafel-*Bild* ist eine Kunst. Nur wenige beherrschen diese Kunst. In vielen Hörsälen oder Seminarräumen ist das täglich zu erleben. Viele Tafelbilder misslingen deshalb, weil sie nicht vorbereitet wurden. Deshalb gilt: Wer einen Vortrag schrittweise an der Tafel „ins Bild setzen" will, sollte dieses Bild bereits zu Hause planen.

Beim Einsatz einer Kreidetafel sind die folgenden neun Hinweise zu beachten:

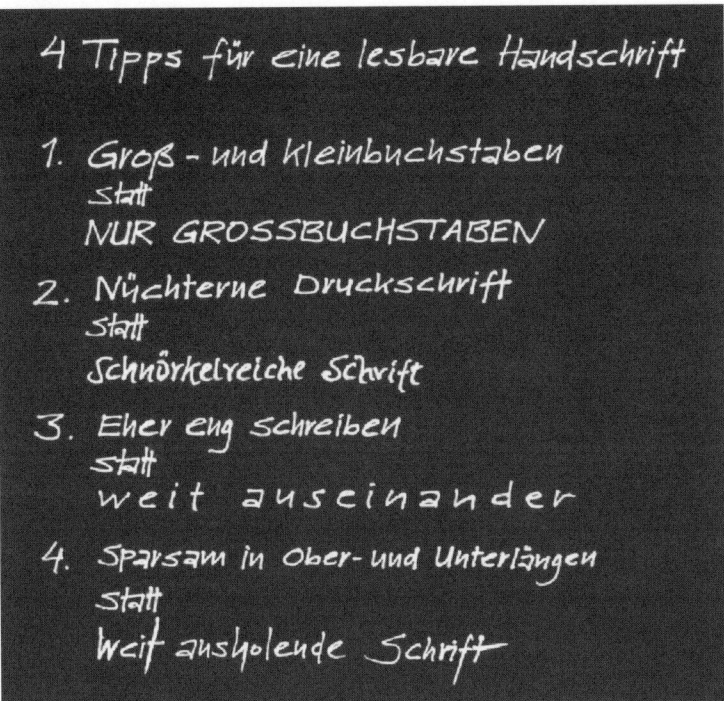

Abbildung 46: Tipps für eine lesbare Handschrift

1. Entweder sprechen oder schreiben bzw. zeichnen;
2. groß und deutlich schreiben;
3. neben die Tafel treten, wenn etwas erläutert werden soll;
4. der Zeigestab sollte einige Sekunden auf dem Gezeigten ruhen;
5. den Zeigestock nicht als Spielzeug benutzen;
6. genügend Zeit zum Abschreiben lassen;
7. die Tafel von oben nach unten putzen;
8. nicht auf eine nasse Tafel schreiben;
9. ein neues Kreidestück in der Mitte durchbrechen, damit die Kreide nicht beim Schreiben abbricht.

Die ersten sechs Hinweise gelten auch für einen prominenten Nachfolger der Kreidetafel. Die *Weiße* Tafel bietet gegenüber der Kreidetafel einige Vorteile:

- kein Kreidestaub und keine Quietschgeräusche beim Schreiben,
- vorbereitete Bilder oder von Teilnehmern erarbeitete Ergebnisse können mit Haftmagneten aufgehängt werden,
- die Tafelfläche kann als Projektionswand genutzt werden,
- was auf der der Tafel steht, kann mit einer Digitalkamera qualitativ besser, weil kontrastreicher dokumentiert werden.

4.2 Nachfolger: Das Flipchart

Die „Papiertafel" hat gegenüber der herkömmlichen Tafel folgende Vorzüge:
- Die DIN-A-1-Blätter können zu Hause vorbereitet werden.
- Liniertes Flipchart-Papier erleichtert die Seiten-Gestaltung.
- Auf jedem Flipchart-Blatt kann man sich mit dem Bleistift Notizen machen.
- Einzelne Blätter können an die Wand geheftet werden, so dass bestimmte Informationen ständig präsent sind.

Für den Einsatz eines Flipcharts gilt wie bei der Tafel:
- immer zu den Zuhörerinnen und Zuhörern sprechen,
- aufhören zu sprechen, wenn etwas aufgeschrieben wird,
- neben und nicht vor dem Flipchart stehen.

Blätter, deren Inhalt behandelt ist, werden nicht abgerissen, sondern umgeschlagen.

4.3 Neo-Klassiker: Der Overhead-Projektor

Der Overhead-Projektor ist ein Medium mit vielen Vorteilen. Folien können zu Hause vorbereitet, kopiert und beliebig oft verwendet werden.

Was eine gute Folie ausmacht, erläutern wir im nächsten Kapitel (Seite 103ff.). Im Folgenden geht es um die Frage, was beim Einsatz eines Overhead-Projektors zu beachten ist.

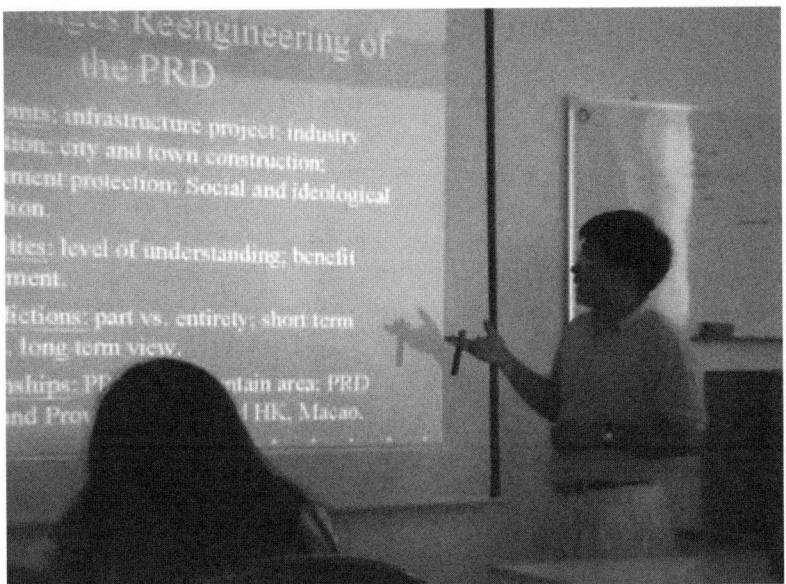

Abbildung 47: Klassischer Präsentationsfehler

Ein großer Vorzug des Overhead-Projektors besteht darin, während der Präsentation zu den Zuhörerinnen und Zuhörern Blickkontakt halten zu können. Diesen Vorzug sollte man auch nutzen – und nicht zur Projektionsfläche sprechen. Zudem ist auf die beiden folgenden Punkte zu achten:

Folien ersetzen kein Manuskript
Wer Folien als Manuskript-Ersatz nutzt, mutet dem Publikum viel zu und kann sich keinen angemessenen Abstand vom Projektor erlauben, sondern „klebt" an der Folie – mit der häufig zu beobachtenden Konsequenz, dass einem Teil des Publikums die Sicht versperrt wird.

Programme wie PowerPoint haben eine „Notiz"-Funktion. Zu jeder Folie kann ein „Notizblatt" mit einer verkleinerten Kopie der Folie angelegt werden, auf dem alle notwendigen Erläuterungen notiert werden können.

Keine „Folienschleuder"
Jede Folie sollte einige Sekunden „wirken", bevor man auf den Inhalt eingeht. Die Zuhörenden brauchen Zeit, um sich Notizen machen zu können.

4.4 Mobil: Das Tagungsposter

Ältere Leserinnen werden sich vermutlich noch aus ihrer Schulzeit an das „Wandbild" erinnern. Dieses Medium hing entweder gerahmt an der Wand des Klassenraums oder aber wurde aufgerollt und an einen freistehenden Ständer im Klassenraum aufgehängt. Das Wandbild war ein Fertigprodukt. Man kaufte es und konnte es im Unterricht einsetzen – aber nicht verändern, eigenen Präsentationsansprüchen anpassen.

Der PC, entsprechende Grafik-Software und Ausgabe-Geräte ermöglichen es heute, solche Wandbilder selbst und vor allem „maßgeschneidert" zu produzieren. Jüngere Leser werden diese maßgeschneiderten Produkte nicht als „Wandbilder", sondern als „Poster" wahrnehmen.

Einen PC und die Präsentationssoftware PowerPoint haben heute fast alle Lehrenden. Was meist fehlt, ist ein Tintenstrahldrucker, der größere Formate als DIN-A4 ausdrucken kann. Ein solches Gerät – ein so genannter Plotter – ist teuer und groß (nichts fürs häusliche Arbeitszimmer).

Deshalb sind Poster im Format DIN-A0 in vielen Bereichen des Bildungswesens immer noch eher die Ausnahme denn die Regel. Auf wissenschaftlichen Tagungen ist das Poster seit Langem einer *der* Präsentationsstandards.

Bei der Gestaltung eines Posters für Tagungen und Kongresse sind eine Reihe von international etablierten Standards zu beachten, die wir im Folgenden beschreiben.

Vorgaben des Veranstalters beachten

Wer zu einer Poster-Session eingeladen wurde, wer die Möglichkeit hat, seine Arbeit mit dem Medien Poster zu präsentieren, sollte die *Vorgaben des* einladenden *Veranstalters beachten* – vor allem die vorgegebenen Maße der Poster-Stellwände.[3]

Manche Veranstalter verlangen, was didaktisch-methodisch auch vernünftig ist, eine Begrenzung des Textumfangs, der bis zu fünfzig Prozent betragen kann. Man sollte sich also bereits

---

3   Sind keine Stellwände vorhanden, sollten Sie klären, wie Sie Ihre Poster anbringen können.

bei der Erstellung eines Tagungs-Posters darum bemühen, möglichst viele Informationen zu visualisieren.

Didaktisch-methodische Standards einhalten

Zu den didaktisch-methodischen Standards gehören:
- *Selbstverständlichkeit.* Ein Tagungsposter muss „selbstverständlich" sein: Für den Betrachter, für die Leserin muss das Poster ohne mündliche Erläuterung (des in der Regel abwesenden Poster-Autors) verständlich sein.
- *Klare Struktur.* Ein Tagungsposter muss strukturiert sein: Die Struktur des Posters folgt in aller Regel der Darstellungslogik der Forschung (Problem, Fragestellung, Methode, usw.).
- *Eindeutigkeit.* Alle typografischen Gestaltungselemente müssen eine einheitliche Bedeutung haben.
- *Zielgruppenbezug.* Alle Informationen (Text, Diagramme, Tabellen usw.) müssen für das Tagungspublikum verständlich sein.

Auskunft über die Autorin, den Produzenten geben

Ein Tagungs-Poster gibt nie nur Auskunft über die Ergebnisse einer Forschungs-Arbeit. Jedes Poster, das (Forschungs-)Ergebnisse dokumentiert, informiert auch explizit oder implizit über seinen Autor.

Explizit sollte es immer Auskunft über den *Autor*, die *Autorin* geben (Daten zur Person, Arbeitsschwerpunkte, Veröffentlichungen) und die *Institution*, innerhalb derer ein Projekt durchgeführt wurde (wer bezahlt mich, wer fördert mich, in welchem institutionellen Zusammenhang steht mein Projekt usw.[4]).

Implizit gibt ein Poster auch Auskunft über die Fähigkeit, *Sachkompetenz* kompetent zu präsentieren.

Zur Kommunikation einladen

Ein Poster ist ein Medium der Kommunikation. Mit einem Poster treten Sie in Kontakt zu einem Publikum. Sie teilen diesem Pu-

---

4 In diesem Zusammenhang kann das Corporate Design wichtig sein (Logo der Institution, Farben, Schrift usw.).

blikum etwas mit und sollten deshalb auch an Rückmeldungen interessiert sein.

Damit das Poster diese Kommunikationsfunktion erfüllt, sollte es Rückmeldungen so leicht wie möglich machen und zur Kontaktaufnahme ermuntern.

Rückmeldung erleichtern – zum Beispiel durch folgende Angaben:
- E-Mail-Adresse,
- URL der Homepage,
- die Postanschrift,
- Zettel („Post-it") für Kommentare bereitstellen.

Zur Kontaktaufnahme ermuntern – mit
- einem Couvert, das Kontakt-Informationen enthält;
- einem Evaluationsfragebogen oder der Möglichkeit, direkt am Poster Kommentare anzubringen.

Zum Lesen motivieren

US-amerikanische Forscher haben in Beobachtungen festgestellt, dass ein Tagungsteilnehmer ca. 11 Sekunden benötigt, um sich zu entscheiden, ob er ein Poster lesen will oder nicht. 11 Sekunden lang „scannt" das Auge des Betrachters aus der Distanz das Poster. Dann entscheidet er sich, entweder weiterzugehen oder dem Poster seine Aufmerksamkeit zu schenken. Ausschlaggebend für diese Entscheidung sind nicht nur die Poster-Inhalte, sondern auch die Gestaltung.

Damit das Tagungsposter zum Lesen motiviert, muss es
- *lesbar sein* – auch aus einem Meter Entfernung. Deshalb muss die Schriftgröße mindestens 24 Punkt betragen. Hintergrundbilder und Negativ-Kontraste erschweren die Lesbarkeit und sollten deshalb vermieden werden;
- *eine Überschrift enthalten;*
- *lesefreundlich gestaltet sein:*
  - zwei- oder dreispaltig,
  - der Zeilenabstand muss immer größer als die Schriftgröße sein; zum Beispiel 28 Punkt (oder mehr) bei einer Schriftgröße von 24 Punkt,

- *semantisch eindeutig sein:* Alle typografischen und farblichen Kodierungen müssen einheitlich sein: Gleiche Farben verweisen ebenso auf semantische Zusammengehörigkeit wie gleiche typografische Struktur-Elemente (Form der Blickfangpunkte, Cluster, Raster, Schraffuren, Pfeile usw.);
- gut gegliedert sein:
  - Blickfang-Punkte, Cluster usw.
  - Flattersatz statt Blocksatz, um weiße Flecken zu vermeiden;
- *frei von überflüssigem Text* sein – zum Beispiel:
  - „Dieses Poster zeigt ..."
  - „Die Zusammenfassung lässt erkennen ..."
- *ikonische bzw.symbolische Bildelemente enthalten.*

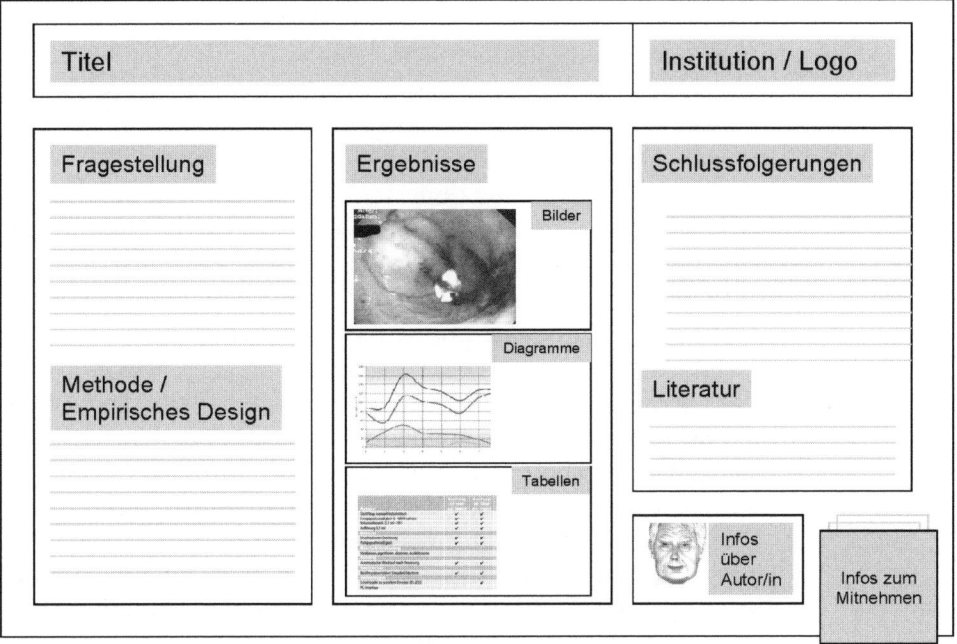

Abbildung 48: Muster für die Gliederung und Gestaltung eines Posters

4.5 Standard: Der Datenprojektor

Datenprojektoren haben den großen Vorteil, dass man unterschiedliche Medien anschließen kann. Man kann nicht nur die auf einem PC oder Laptop gespeicherte PowerPoint-Präsentation, sondern auch die Bildinformationen anderer Medien (zum Beispiel einer Videokamera, eines TV-Geräts, eines Video- oder DVD-Players) projizieren.

Noch vor einigen Jahren war der Datenprojektor ein Medium der gehobenen Preisklasse, das vor allem in Firmen und in einigen Hör- und Konferenzsälen anzutreffen war. Dies hat sich grundlegend gewandelt. Qualitativ hochwertige Geräte für kleinere und mittlere Seminar- bzw. Tagungsräume, die – entscheidende Qualitätsmerkmale –

- eine *hohe Bildauflösung* (SVGA, XGA) besitzen und
- *lichtstark* sind (3000 ANSI-Lumen),

werden in absehbarer Zeit die 1000-Euro-Marke unterschreiten und somit in den meisten Weiterbildungseinrichtungen zur Standardausstattung werden.

Verringert hat sich nicht nur der Preis dieses Mediums, rasant minimiert haben sich auch seine Größe und sein Gewicht. Mit einer durchschnittlichen Größe von 30 (L) x 25 (B) x 10 (H) Zentimetern und einem Gewicht von 3 Kilogramm (Tendenz: fallend) wird der Beamer individuell erschwinglich und komfortabel transportierbar.

Wer über einen eigenen „Beamer" verfügt, umgeht die Risiken, die mit dem Einsatz von fremden Medien verbunden sind. Der eigene Beamer spart Vorbereitungszeit, schont die Nerven und trägt dazu bei, Szenen wie die folgende zu vermeiden:

Ein Dozent ist zu einem eintägigen Werkstatt-Seminar an einer Universität eingeladen. Pünktlich betritt er den Seminarraum. Die Gespräche der 25 Teilnehmerinnen brechen abrupt ab; ihre Aufmerksamkeit konzentriert sich auf den Gast. Der Dozent packt seinen Laptop aus, um ihn mit dem auf einem Pult aufgestellten Beamer zu verbinden. Ein erfolgloses Unternehmen: Ein Adapter wird benötigt. Der Dozent wird zunehmend nervöser. Die Teilnehmerinnen und Teilnehmer blicken ihn teils mitleidig, teils ungeduldig an. Der Beginn der Veranstaltung verzögert sich um eine halbe Stunde. – Ein misslungener Start.

4.6 Zukunft: Die Elektronische Tafel

Es gibt Lehrende, die auf die Kreidetafel „schwören" – vor allem Lehrerinnen und Lehrer sowie Lehrende in den Ingenieurwissenschaften, der Mathematik, Chemie und Physik. Fragt man, wieso sie an diesem Medien-Oldie hängen, so erhält man unisono eine Begründung, der lernpsychologisch kaum zu widersprechen ist: An der Tafel kann man einen Sachverhalt weitaus besser entwickeln, als mit einem OH- oder Datenprojektor – Medien, die in erster Linie der Präsentation von „Fertigprodukten" dienen.

Die berechtigte Klage vieler Lernender über die „Folienschlacht" vieler Lehrender ist durch PowerPoint nicht aus der Welt geräumt worden; im Gegenteil: PowerPoint und Datenprojektor haben die Menge der Folien und das Tempo ihrer Präsentation noch erhöht.

Wer mit der Tafel arbeitet, präsentiert nie schneller als er schreiben kann. Das kann für einen Lernenden zwar immer noch zu schnell sein, um den entwickelten Sachverhalt zu verstehen, dürfte aber für die meisten Lernenden angenehmer sein, als in einer „Folienschlacht unterzugehen".

Doch dieser Vorzug hat seinen Preis: Wollen die Lernenden das, was ein Lehrender an der Tafel entwickelt, zuhause nochmals überdenken, müssen sie mitschreiben. Das führt zu einer „Aufmerksamkeitsteilung". Wer mitschreibt, kann einem Vortrag nur bedingt, wenn überhaupt folgen. Lernende befinden sich also in einer „lernpsychologischen Zwickmühle": Sollen sie den Erläuterungen des Vortragenden folgen, also zuhören und zuschauen? Oder sollen sie sich auf das Mitschreiben konzentrieren, was nicht mit dem Zuhören nicht in Einklang zu bringen ist?

Elektronische Tafeln bieten einen Ausweg aus dieser Zwickmühle – und weitere Vorteile für Lehrende und Lernende. Elektronischen Tafeln haben zwei zentrale Vorzüge:

- was an diesen Tafeln entwickelt wurde, kann gespeichert, verteilt und vervielfältigt werden,
- die Präsentation kann interaktiv gestaltet werden.

Wir stellen zwei E-Tafeln näher vor.

Das Copy-Board

Das Copy-Board ist eine weiße Tafel, auf der mit den üblichen White-Board-Markern geschrieben wird. Diese Tafel hat folgenden Vorzug: Alles, was angeschrieben wurde, kann mit einem an der Tafel befestigten Drucker im DIN-A4-Format ausgedruckt werden.

Was auf dem Copy-Board steht, kann allerdings nicht gespeichert werden. Ist das Angeschriebene einmal abgewischt, bleibt als Dokumentation nur der Ausdruck. Es besteht also auch keine Möglichkeit, was auf der weißen Tafel steht, „per Knopfdruck" zu reproduzieren. Er muss vielmehr immer wieder erneut erstellt werden.

Das Copy-Board eignet sich vor allem für Lehr- und Lernsituationen, in denen Lehrende gemeinsam mit Lernenden etwas erarbeiten und die festgehaltenen Ergebnisse *unmittelbar* dokumentiert werden sollen. Die Betonung von „unmittelbar" ist wichtig. Denn wenn es nur darum geht, das Angeschriebene zu dokumentieren, genügte auch eine Digitalkamera.

Interaktives White-Board: Das Smart-Board

Das Smart-Board ist ein technisch anspruchsvolles interaktives White-Board. Es ist mit einem Rechner verbunden, an den wiederum ein Beamer angeschlossen ist. Das Smart-Board verbindet die Vorzüge einer weißen Tafel mit den Vorzügen digitaler Präsentation und Speicherung.[5]

Interaktive Projektionsfläche

---

5 Mehr unter http://www.smartboard.de/ und http://www.ekreide.de/ sowie http://www.mimio.com/

Wie gewohnt präsentieren. Sie können das Smart-Board wie eine gewöhnliche Projektionsfläche benutzen. Das heißt, Sie nehmen am PC oder Ihrem Notebook Platz und steuern über Tastatur oder Maus Ihre Präsentation.

Interaktiv präsentieren. Sie verlassen Ihren Platz am PC bzw. Notebook und steuern Ihre Präsentation an der Tafel. *Interaktive* Steuerung heißt: Sie können am Smart-Board in Ihre Präsentation visualisierend eingreifen, Sie können Ihr Publikum gestalterisch einbeziehen und die Ergebnisse dieses Gestaltungsprozesses als neue Datei speichern bzw. Ihrem Publikum unmittelbar per E-Mail zugänglich machen. Im Einzelnen (hier am Beispiel von PowerPoint im „Präsentations-Modus" demonstriert):

- Es können *alle Elemente auf einer Folie aktiviert werden* (d.h. mit dem Finger) angeklickt, verschoben, skaliert, gruppiert, farblich neu gestaltet, gelöscht, Multimedia-Elemente (Audio, Video) aktiviert, durch handgeschriebene Kommentare ergänzt werden.
- Es können *teilfertige Folien gezeigt und ergänzt* werden (mit dem Finger bzw. speziellen Schreibstiften).
- Es können *leere Folien gezeigt* werden, auf der Sie einen *Sachverhalt neu entwickeln* können.

Interaktive Tafel

Mithilfe der Smart-Board-Software kann die Tafel auch benutzt werden als

- *Normale Tafel:* Mit der Notebook-Software wird die Tafel zum interaktiven Werkzeug. Die Tafel kann wie ein White-Board benutzt werden, es können Dateien (Texte, Bilder, Tabellen usw.) aus allen Windows-Applikationen geladen, bearbeitet und die Ergebnisse der Bearbeitung als Datei gespeichert werden.
- *Recorder:* Sie können zum Beispiel alle Schritte Ihrer Gegenstandsentwicklung aufzeichnen und als Video speichern. Diese Funktion ist sehr nützlich für Lehrende, die primär instruieren, also zum Handeln, zum Nachvollzug von Operationen, Schrittfolgen anleiten (z. B. im IT-Bereich).

- *Player:* Auf diese Art produzierte Videos, aber auch alle anderen Videos lassen sich auf Smartboard abspielen und interaktiv beeinflussen (also anhalten, mit Notizen, Zeichnungen usw. versehen, speichern).
- *Tastatur:* Jederzeit lässt sich die Tastatur auf der Projektionsfläche aufrufen und zur Texteingabe (mit dem Finger auf der Projektionsfläche) verwenden.
- *Texterkennung (OCR):* Handschriftliche Notizen (in Druckbuchstaben) auf dem Smart-Board können digital übersetzt und als Textdatei gespeichert werden.

5 Wie visualisieren?

Unser Gehirn hat einen kleinen Arbeitsspeicher. Sprache, die sequenziell präsentiert wird, belastet diesen Arbeitsspeicher besonders. Bei Bildern sieht man Informationen auf einen Blick – wenn sie informativ sind und angemessen präsentiert werden.

Im zweiten Kapitel haben wir gezeigt, wie Zahlen, Strukturen, Zusammenhänge und Abläufe so ins Bild zu setzen sind, dass die Betrachter erkennen, was zu sehen, was gemeint und zu verstehen ist. Im dritten und vierten Kapitel haben wir erläutert, was es heißt, Bilder angemessen zu präsentieren. Auf den folgenden Seiten stehen zunächst Grundelemente des Visualisierens – Farbe, Schrift und Gestalt-„Gesetze" – im Mittelpunkt, die dann für die die Gestaltung von Folien konkretisiert werden. Im letzten Kapitel übertragen wir diese Empfehlungen auf das Visualisieren und Präsentieren mit PowerPoint.

5.1 Farbe

Farbe ist ein wirksames Gestaltungsmittel. Seit Goethes *Entwurf einer Farbenlehre* ist viel über die Bedeutung und Wirkung von Farben geschrieben worden. Farben können unsere psychische Befindlichkeit und unsere Temperaturempfindungen beeinflussen. Es gibt geschlechts-, alters- und kulturspezifische Farbvorlieben und Farbwahrnehmungen. Farbbedeutungen bzw. Bedeutungszuschreibungen sind gelernt („grün ist die Hoffnung", die politische Linke sind die „Roten", gelb „ist" die Post). Farbbedeutungen sind zudem Ergebnis von Normierungen, die dazu beitragen sollen, sich möglich rasch und über Sprachgrenzen hinweg international zu verständigen.

Kann man angesichts der Bedeutungsvielfalt von Farben noch ruhigen Gewissens rot, grün oder gelb verwenden, wenn man einen Sachverhalt visualisieren will? So lange man Farbe im eigenen Kulturkreis zur Visualisierung einsetzt, genügt es in der Regel, *bewusst* auf sein Wissen über Farbbedeutungen und Farbvorlieben zurückzugreifen und normierte Bedeutungen zu beachten. Und man darf Farbe keine bloß dekorative Funktion zuweisen, sondern sie nutzen zur Strukturierung von Informationen und zur Orientierung der Betrachterinnen und Betrachter.

Was ist dabei zu beachten? Drei Gesichtspunkte sind besonders wichtig:

1. Farben gezielt einsetzen
Farben dienen der Hervorhebung, Unterscheidung und Gliederung. Identischen Sachverhalten – zum Beispiel Struktur und Funktion – werden die gleichen Farben zugewiesen, Unterschiede durch unterschiedliche Farben hervorgehoben.

2. Weniger ist meist mehr
Wer zu viele Farben verwendet, produziert unruhige und unübersichtliche Bilder, lenkt vom Wesentlichen ab, statt es zu betonen. Wir empfehlen: bei symbolischen Darstellungen nicht mehr als vier Farben verwenden.

3. Auf Lesbarkeit achten
Schwarze Schrift ist auf (dunklen) Volltonfarben schlecht und auf hellem Hintergrund gut zu lesen. Negative Schrift ist anstrengend zu lesen und ermüdet das Auge. Weiß auf Schwarz ist daher allenfalls für kurze Textpassagen eine angemessene Farbkombination. Auf mittelgrauen Hintergrund sind sowohl Schwarz als auch Weiß gut zu lesen. Schwarz auf weiß ist gut lesbar. Ein ideales Kontrastverhältnis ergibt Schwarz auf leicht getöntem Hintergrund – zum Beispiel hellgelb oder hellgrau.

Wenn starke Farbkontraste erzielt werden sollen, empfiehlt es sich, mit Komplementärfarben zu arbeiten, also mit Farben, die im Farbkreis gegenüberliegen.

Sollen farbige Folien schwarzweiß kopiert werden, ist bei der Folienerstellung zu beachten, welche Farben welche Grauwerte ergeben: Je dunkler eine Volltonfarbe

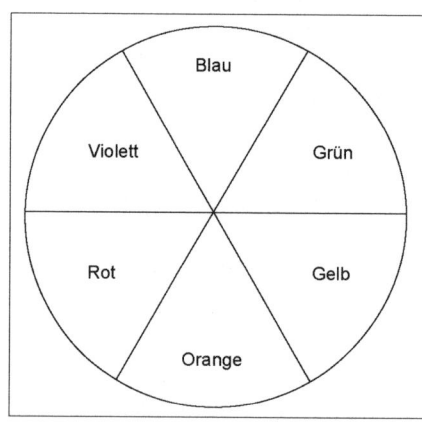

Abbildung 49: Der Farbkreis

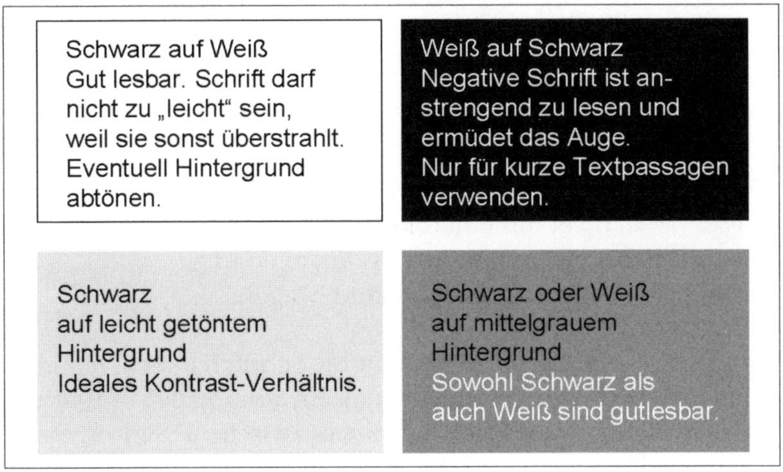

Schwarz auf Weiß Gut lesbar. Schrift darf nicht zu „leicht" sein, weil sie sonst überstrahlt. Eventuell Hintergrund abtönen.	Weiß auf Schwarz Negative Schrift ist an- strengend zu lesen und ermüdet das Auge. Nur für kurze Textpassagen verwenden.
Schwarz auf leicht getöntem Hintergrund Ideales Kontrast-Verhältnis.	Schwarz oder Weiß auf mittelgrauem Hintergrund Sowohl Schwarz als auch Weiß sind gutlesbar.

Abbildung 50: Hintergrund und Schrift

ist, desto dunkler wird der Grauwert bei einer Kopie in schwarz-weiß. Will man sich nicht die Mühe machen, vor dem Kopieren die Farbzuweisungen zu ändern, sollte man sich für helle bzw. Pastellfarben entscheiden; sie ergeben helle bzw. lichte Grautöne.

5.2 Schrift

Schrift weist über ihren semantischen Gehalt hinaus. Ein Beispiel. Nehmen wir eine fiktive Automarke und schreiben ihren Namen in verschiedenen Varianten der drei Schriftfamilien:

Serifenbetonte Schriften
- **Hando** (Times New Roman)
- Hando (Garamond)
- **Hando** (Bodini)

Serifenlose Schriften
- Hando (Arial)
- Hando (Franklin)
- Hando (ITC Officina))

Zier- und Schmuckschriften
- Hando (Curlz)
- **Hando** (Justice)
- Hando (Radgund)

Wir sind sicher: Sie schließen von
- von Hando nicht auf einen PKW der Oberklasse,
- von **Hando** nicht auf einen Sportwagen und
- von Hando nicht auf einen Geländewagen.

Wir verallgemeinern diese Vermutung: Schrift hat nicht nur eine denotative Bedeutung, sondern auch ein konnotative. Aus dieser Tatsache kann sich ein Widerspruch zwischen dem ergeben, was bezeichnet wird, und der Form, in der dies geschieht. Vier Beispiele:
- Stahlträger
- **Seidenwäsche**
- Manager
- Fachbereich Maschinenbau

Deshalb sollte man bei der Wahl einer Schriftart darauf achten, dass Inhalt und Form übereinstimmen. Mit gängigen serifenlosen oder serifenbetonten Schriften wie **Arial** oder Times New Roman ist man auf der sicheren Seite.

Die große Schriftenauswahl von Microsoft Word kann für das Visualisieren seriöser Themen und Projekte getrost ignoriert werden: das Gros des Angebots ist Schnickschnack. Es ist beispielsweise Spielerei, für die Visualisierung von unterschiedlichen Zeiten bzw. Abschnitten die Schrift zu wechseln – nach dem Muster: **gestern (17. Jahrhundert)** – heute (Neuzeit) oder Kindheit – Alter.

Mit einem Wechsel der Schriftarten, der Schriftgröße und des Schriftschnitts sollte man zurückhaltend sein. In der Regel genügen
- eine oder – wenn man die Überschrift absetzen will – zwei Schriftarten;
- vier Schriftgrößen: Überschrift, Zwischenüberschrift, Fließtext und Bildunterschrift;

- zwei bis drei Schriftschnitte: normal und zur Hervorhebung **fett** und/oder *kursiv*. Setzt man mehr <u>Varianten</u> ein, geht der beabsichtigte EFFEKT ***verloren***, etwas *hervorzuheben*. Pure Spielerei sind folgende Effekte, die zum Microsoft-Angebot gehören: U̶m̶r̶i̶s̶s̶, **Relief** und Gravur.

5.3 Gestalt-„Gesetze"

Vertreter der „Berliner Schule" der Gestalt-Psychologie haben über hundert Gestalt-„Gesetze" formuliert, von denen einige inzwischen zur Allgemeinbildung zählen – zum Beispiel die Tatsache, dass das Ganze mehr ist als die Summe seiner Teile. Einige Ergebnisse dieser wahrnehmungspsychologischen Forschung sind auch für das Visualisieren relevant. Vier heben wir hervor.

Gesetz der Nähe

Beieinander liegende Teile werden als ein Ganzes aufgefasst. Zwei Beispiele: Im ersten Beispiel schließen sich die Linien zu vier Linien-Paaren, im zweiten Beispiel die Punkte zu senkrechten Linien zusammen.

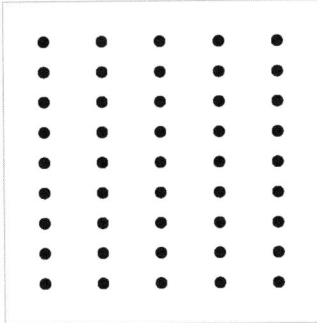

Abbildung 51: Gesetz der Nähe: Die Linien schließen sich zu vier Linien-Paaren zusammen

Abbildung 52: Gesetz der Nähe: Die Punkte schließen sich zu senkrechten Linien zusammen

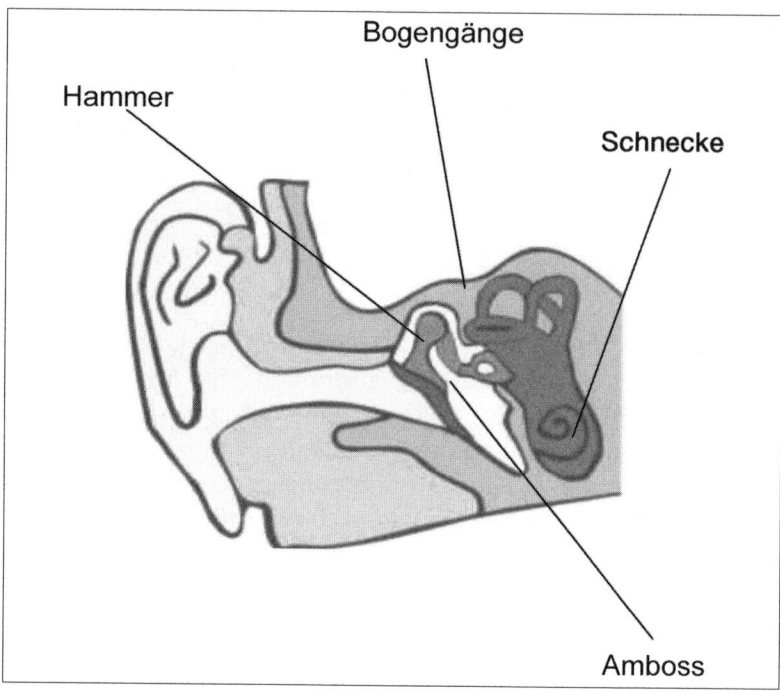

Abbildung 53: Struktur des menschlichen Innenohrs

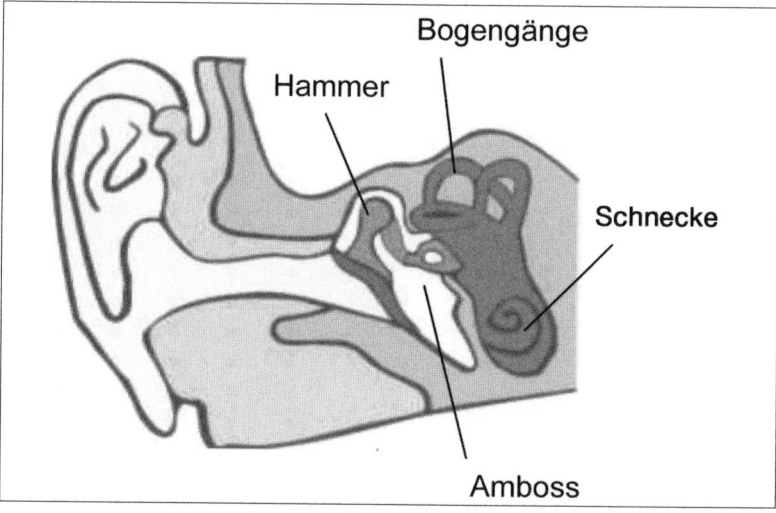

Abbildung 54: Struktur des menschlichen Innenohrs. Bild und Beschriftung stehen dicht beieinander

Praktische Konsequenz: Zusammengehörende Objekte – vor allem Bild und Beschriftung – sollten möglichst dicht beieinander stehen. In der Abbildung 54 ist der erklärende Text deutlich näher am zu erläuternden Sachverhalt platziert als in Abbildung 53. Deshalb kann die Abbildung schneller erfasst werden.

Gesetz der Geschlossenheit

Geschlossene Teile werden eher als Ganzes aufgefasst als offene.

Praktische Konsequenz: Einrahmungen heben den Figur-Charakter von Darstellungen hervor. Deshalb sollte man Abbildungen und zentrale Aussagen umranden, mit Rahmen das Blickfeld der Betrachtenden steuern.

Gesetz der Ähnlichkeit

Teile mit gleicher Form, Farbe oder Größe werden eher zu einem Ganzen zusammengefasst als disparate Teile.

Praktische Konsequenz: visuelle Einheitlichkeit signalisiert sachliche Zusammengehörigkeit. Deshalb sollte man das, was zusammengehört auch optisch als miteinander zusammenhängend erkennbar machen – zum Beispiel durch identische Farben oder Aufzählungszeichen, durch gleich große Einrückungen oder identische Schriften.

Gesetz der Prägnanz

Elemente schließen sich zu einer „guten" Gestalt zusammen, wenn sie bestimmte Eigenschaften – zum Beispiel Regelmäßigkeiten, Symmetrie, maximale Einfachheit und Knappheit – aufweisen.

Praktische Konsequenz: Symmetrische Konturen bzw. Flächen werden als Gestalten wahrgenommen und prägen sich besonders gut ein.

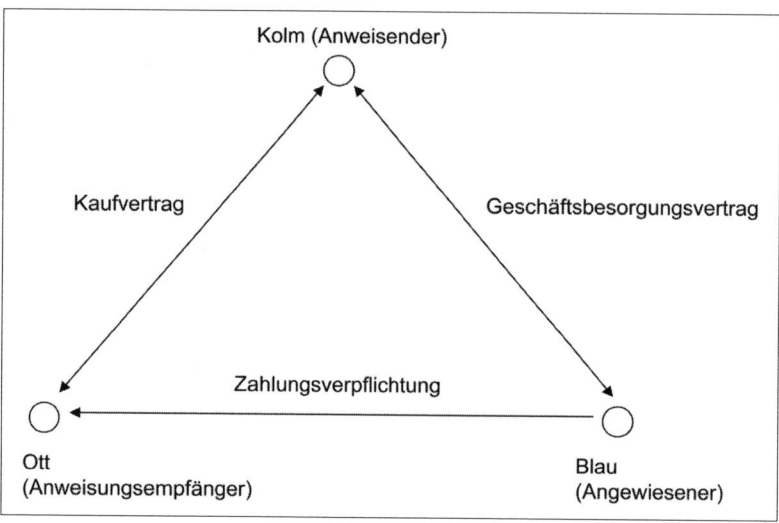

Abbildung 55: Zentrale Gestalt-Gesetze sind nicht berücksichtigt

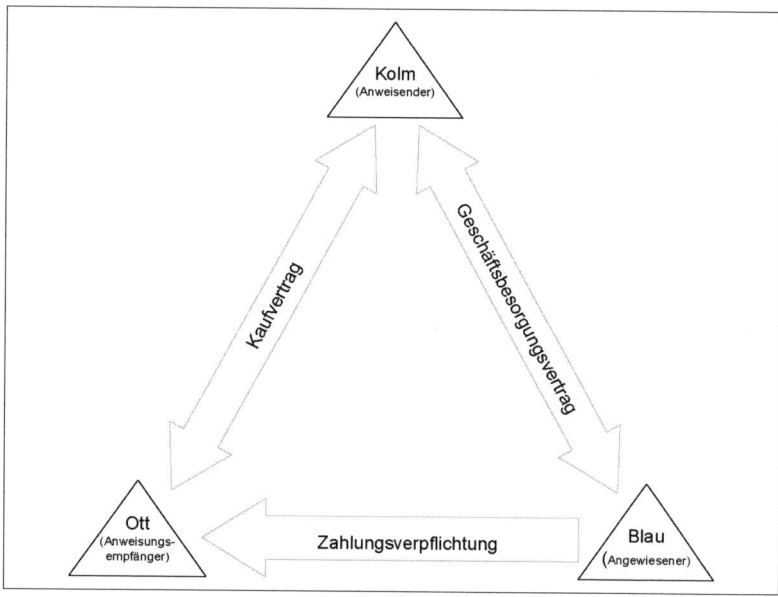

Abbildung 56: Die Gesetze der Nähe, der Ähnlichkeit und der Geschlossenheit und Prägnanz sind berücksichtigt

Ein Beispiel[1] für die Anwendung der vier „Gesetze": Die Abbildung 55 kann unter folgenden Gesichtspunkten optimiert werden:

- die Beschriftung der Pfeile lässt sich besser zuordnen, wenn sie die gleiche Lage wie die Pfeile haben (*Ähnlichkeit*). Damit wäre zugleich
- der bezeichnende Text dichter an den zu bezeichnenden Pfeilen (*Nähe*).
- Bei dem zu visualisierenden Sachverhalt geht es um Geschäftsbeziehungen zwischen drei Personen. Deshalb ist es vorteilhafter, die Figur des „Dreiecks" zu akzentuieren – durch Dreiecke statt Kreise und durch die Integration der Pfeilbeschriftung in die Pfeile sowie der Personen und ihre Funktion in die Dreiecke (*Geschlossenheit* und *Prägnanz,* Abb. 56).

5.4 Folien-Gestaltung

Folien sollen nicht zeigen, was man alles weiß. Folien dienen vielmehr dazu, Informationen zu *gestalten*. Bei der Gestaltung von Folien geht es nicht um die Frage, was man alles auf eine Folie packen kann. Die Leitfrage lautet vielmehr: Was sollen die Zuhörerinnen und Zuhörer der Folie entnehmen?

Fünf Regeln sind bei der Foliengestaltung zu beachten:

1. Überschaubare Zahl an Informationen

Die Informationen auf einer Folie sollten auf einen Blick erfasst werden können. Das gelingt bei der misslungenen Folie über technische Zeichnungen (Abbildung 57, Seite 112) nicht. Mehr als sieben Aussagen sind zu viel. Deshalb sollte

- maximal 60% der Folie beschriftet,
- an allen Seiten ein breiter Rand gelassen und
- auf genügend Abstand zwischen den Zeilen geachtet

werden.

Bei Textfolien sollten nicht mehr als zehn Zeilen auf der Folie und nicht mehr als 10 Wörter in einer Zeile stehen.

---

1 Nach Frank Doerfert: Zur Wirksamkeit typografischer und grafischer Elemente in gedrucktem Fernstudienmaterialien. Fernuniversität Hagen: Bericht zum ZIFF-Forschungsprojekt Nr. 12 1980, S. 62ff.

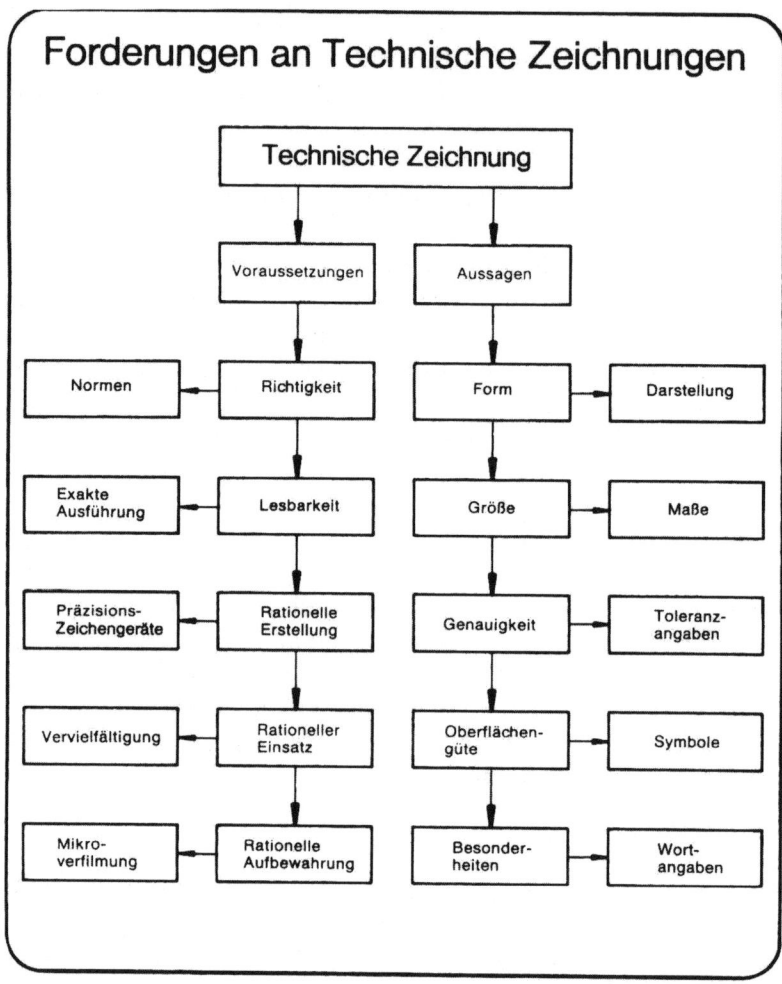

Abbildung 57: Zu viel Informationen auf einer Folie

2. Klare Struktur

Textinformationen müssen gut gegliedert sein – zum Beispiel durch
– Spiegelstriche,
1. Ziffern,
• Punkte,
⇒ Pfeile.

Typografische Elemente sind kein Zierrat. Das folgende Beispiel (Abbildung 58) ist misslungen, weil

- es keinen sachlichen Grund gibt, den Kästen unterschiedliche Farben (hier als Grauraster dargestellt) und unterschiedliche Schattierungen zuzuweisen;
- der Blickfangpunkt in den Kästen überflüssig ist;
- die spitze Form der Kästen eine kausale Abfolge nahe legt, die nicht vorliegt.

Setzt man zu viele typografische Elemente ein, hebt man den Gliederungseffekt wieder auf.

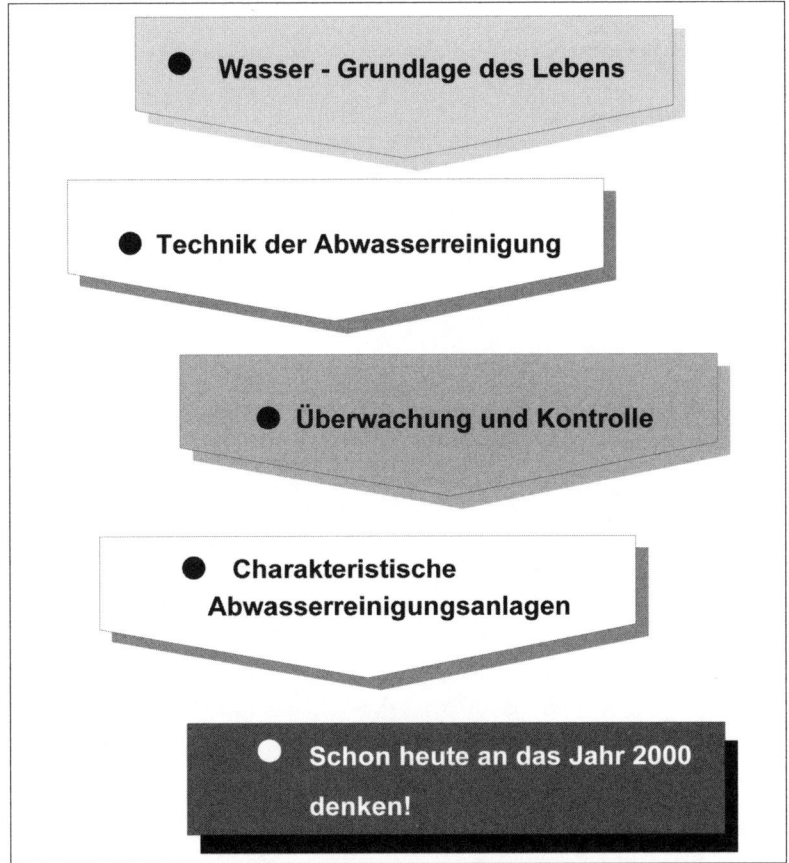

Abbildung 58: Misslungener Umgang mit typografischen Elementen

3. Richtige Schriftgröße

Zu den häufigsten Fehlern beim Folien-Einsatz gehört noch immer die Projektion von Texten, die aus Büchern oder Zeitschriften kopiert wurden. Zwei Negativbeispiele, (Abbildung 59 und 60) – keine Ausnahmen im Präsentationsalltag: Abbildungen wurden aus Büchern ohne Überarbeitung (1:1) auf eine Folie übertragen – und zwei Schwächen kombiniert: Zu viele Informationen auf einer Folie und viel zu kleine Schrift.

Abbildung 59: Misslungene Folie: zu große Informationsmenge und zu kleine Schrift

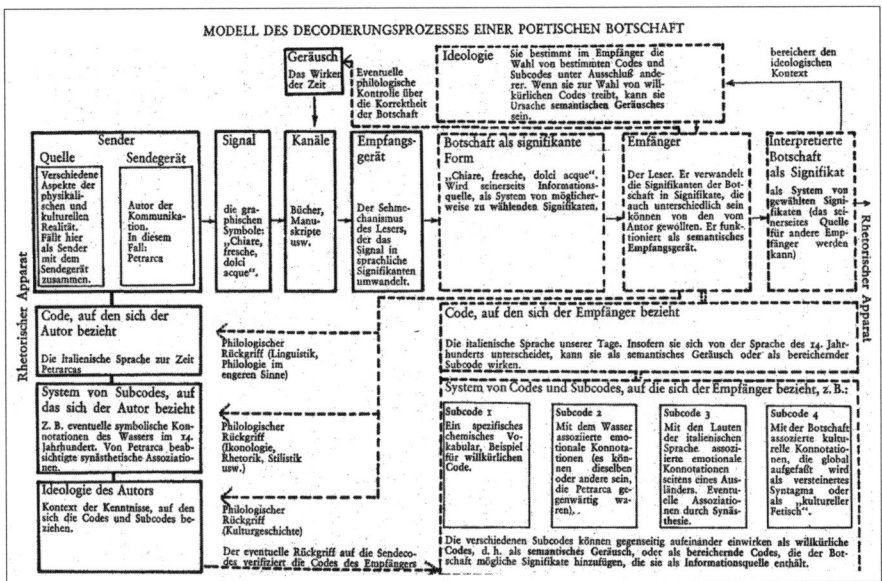

Abbildung 60: Misslungene Folie: zu große Informationsmenge und zu kleine Schrift

Die richtige Wahl bei der Schriftgröße ist 20 plus:

- 24 Punkt für den laufenden Text,
- 24 Punkt fett für Hervorhebungen,
- 28 Punkt fett für Zwischenüberschriften,
- 32 Punkt fett für die Hauptüberschrift und
- 20 Punkt für Bildunterschriften.

In der Abbildung 61 (Seite 116) sind die ersten drei Regeln angemessen berücksichtigt.

4. Keine Schrift-Spielereien

Die Schriftart wird nur dann gewechselt, wenn deutlich gemacht werden soll, dass eine Aussage eine andere Bedeutung, einen anderen Stellenwert hat.

5. Überlegter Umgang mit Farbe

Folien sollten keine bunten Bildchen sein. Bunte Folien lenken meist vom Wesentlichen ab. Sie sind keine Verständnishilfe. Deshalb sollten Farben gezielt eingesetzt werden zur Hervorhebung, Unterscheidung und Gliederung. Identische Sachverhalte

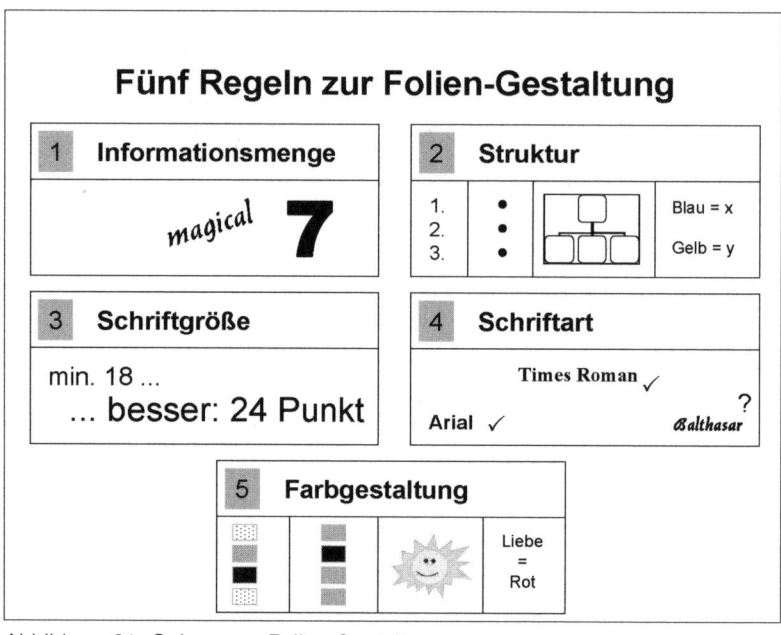

Abbildung 61: Gelungene Folien-Gestaltung

werden mit denselben Farben hervorgehoben (zum Beispiel Rot für Ursache, Blau für Wirkung).

Eine Textfolie zur Präsentation dieser fünf Regeln könnte aussehen wie Abbildung 62.

Folien-Gestaltung

1. Überschaubare Zahl an Informationen.

2. Klare Struktur: Informationen gliedern. Typografische Mittel sparsam einsetzen.

3. Richtige Schriftgröße: groß schreiben.

4. Kleine Spielereien: Überlegter Umgang mit Schriften.

5. Keine bunten Bilder: Farben gezielt einsetzen.

Abbildung 62: Folien-Gestaltung – Beispiel Textfolie

5.5 Bilder suchen – Bilder verwenden

Wer einen Vortrag oder ein Referat anspruchsvoll visualisieren will, ist auf Bilder angewiesen. Bilder, die in der Fachliteratur zu finden sind oder – darum geht es auf den nächsten Seiten – im Internet.

Gleich, ob man Abbildungen scannt oder aus dem Internet übernimmt: Die Verwendung dieser Bilder in eigenen Präsentationen unterliegt urheberrechtlichen Bestimmungen, die es zu beachten gilt. Mehr dazu auf den Seiten 120ff.

Bild-Quelle Internet

Die beiden Internet-Dienste „Usenet" und „World-Wide-Web" offerieren eine kaum zählbare Menge an Bildern auf über 10 Milliarden Webseiten. Allein Yahoo bietet nach eigenen Angaben 1,5 Milliarden Bilder an. Mit der Hilfe von Suchmaschinen, Meta-Suchmaschinen und Bild-Datenbanken lässt sich dieses Bildangebot gezielt erschließen.

Suchmaschinen

Bei den Suchmaschinen ist zu unterscheiden zwischen solchen, die
a) über den Web-Browser gesteuert werden – beispielsweise Google,
b) als „Stand-alone-Anwendung" funktionieren und als (teils kostenpflichtige) Software installiert werden müssen,
c) auf die Recherche im „Usenet" spezialisiert sind (also „Newsgroups" auswerten).

Meta-Suchmaschinen

Meta-Suchmaschinen nehmen die Dienste anderer Suchmaschinen in Anspruch und fassen deren Recherche-Ergebnisse zusammen.

Bild-Datenbanken

Es gibt viele Bild-Datenbanken im Internet. In der Regel ist ihr Angebot kostenpflichtig. Bei *Photocase* sind pro Tag drei kostenlose Downloads möglich, *Freephoto* bietet Lehrerinnen und Lehrern Bilder kostenfrei an. Bei anderen Bild-Datenbanken können „lizenzfreie" Bilder erworben werden, das heißt: Die Bilder können beliebig oft eingesetzt werden.

Die folgende Linkliste (Stand: Juni 2006) enthält die wichtigsten Instrumente der Bilderschließung. Sie wird zweimal jährlich geprüft und ergänzt.[2]

Suchmaschinen

Name	Typ (a) Suchmaschine (b) Software, (c) Usenet
Abacho http://bildersuche.abacho.de/	(a)
AllTheWeb/Fast Multimedia Search http://multimedia.alltheweb.de/	(a)
Altavista Image Finder http://de.altavista.com/	(a)
Ditto http://www.ditto.com/	(a)
DINO http://www.dino-online.de/	(a)
Excite http://www.excite.de/	(a)
Google http://images.google.com/	(a)
Image Finder http://sunsite.berkeley.edu/ImageFinder/	(a)
Lycos Media http://multimedia.lycos.com/	(a)

---

2   http://userpage.fu-berlin.de/~stary/Bildersuche_online.html

Name	Typ (a) Suchmaschine (b) Software, (c) Usenet
Picsearch www.picsearch.com/	(a)
Yahoo Picture Gallery http://de.yahoo.com/	(a)
ImageWolf http://www.trellian.com/iwolf/	(a) (b) Demo-Version
iMatch http://www.photools.com/	(a) (b) Demo-Version
Mister Pix http://www.mister-pix.com/	(a) (b) Demo-Version
Internet Graphics Finder http://www.skibbysoft.com/	(a) (b) Demo-Version
GoogImager http://www.nesoft.org/googimager.shtml	(b) Freeware
ACD Fotovac http://www.acdsystems.com/	(b) (c) Demo-Version

Meta-Suchmaschinen

Name	Erfasste Suchmaschinen
Ithaki http://www.ithaki.net/	(a) Altavista, Ditto, Exite, Alltheweb (Fast Multimedia Search), Yahoo
IXQuick http://ixquick.com/deu/	(a) Altavista, Lycos, Art.com, Pictures Now, Alltheweb (Fast Multimedia Search), SF Art Museum, GoGraph, Yahoo
Web Places Clipart Searcher http://www.webplaces.com/ search/	(a) Anzwers, Gigablast, Google, Hotbot, Usseek, Yahoo
Bingoo http://www.bingoo.de/	(b) Freeware Altavista, Alltheweb (Fast Multimedia Search), GoGraph, Lycos, Corbis

Bild-Datenbanken

Name	Konditionen, Besonderheiten
Corbis http://pro.corbis.com/	Kostenpflichtig
Fotocommunity www.fotocommunity.de/	Fotos von Privatleuten. Nutzungsrechte unterschiedlich.
Fotofinder http://www.fotofinder.net/	Kostenpflichtig
FreeFoto http://www.freefoto.com/	„An individual teacher may make occasional use of our images in the course of their own personal teaching work. A credit to … FreeFoto.com is required. You may not distribute any material that contains our images outside your own."
GOGraph http://www.gograph.de/	Preis pro Grafik oder Foto: ab 1,50 €
Photocase http://www.photocase.com/	Kostenpflichtig.
Photos.com http://www.photos.com/	Für 119,95 € kann man einen Monat lang unbegrenzt viele Bilder herunterladen.

Bilder verwenden: Das Urheberrecht

Wer seine Veranschaulichungen nicht selbst produziert (zeichnet, fotografiert modelliert usw.), ist auf Material aus fremden Quellen angewiesen. Bücher, Zeitschriften und vor allem das Web.

Ein Beispiel: Einen Vortrag über homöopathische Heilverfahren würden Sie selbstverständlich mit Bildern veranschaulichen – beispielsweise den Begründer der Homöopathie ins Bild setzen, Verfahren, Instrumente, Medikamente, Pflanzen usw. zeigen. Die Bilder würden Sie aus Zeitschriften und Büchern scannen oder sich auf Bildmaterial im Web stützen – und sich vielleicht strafbar machen. Denn das, was andere Menschen produziert haben, unterliegt unter Umständen einem Urheberrecht und ist somit geschützt. Kurz: Sie müssen das Urheberrecht (UrhG) beachten.

Auch dann, wenn Sie ein Bild nicht kommerziell verwenden und eine korrekte Quellenangabe machen, sind Sie noch nicht aus dem Schneider: Bilder sind *Gesamt*-Werke. Und für die gilt, was auch für Text-Werke gilt. Wer den gesamten Text eines Zeitungsartikel, eines Zeitschriftenaufsatzes oder Buchs abdruckt, zitiert ihn nicht, sondern klaut ihn.

Urheber, Werk, geschütztes Werk

Bevor Sie ein Bild nutzen oder verbreiten, sollten Sie die Urheberfrage klären, um nicht mit dem Gesetz in Konflikt zu geraten. Als Urheber gilt der Schöpfer eines Werkes (§ 7). *Werke* „sind nur persönliche geistige Schöpfungen" (§ 2).

Welche Werke sind geschützt?

„Zu den geschützten Werken der Literatur, Wissenschaft und Kunst gehören insbesondere: 1. Sprachwerke, wie Schriftwerke, Reden und Computerprogramme; 2. Werke der Musik; 3. pantomimische Werke einschließlich der Werke der Tanzkunst; 4. *Werke der bildenden Künste* einschließlich der Werke der Baukunst und der angewandten Kunst und Entwürfe solcher Werke; 5. *Lichtbildwerke* einschließlich der Werke, die ähnlich wie Lichtbildwerke geschaffen werden; 6. *Filmwerke* einschließlich der Werke, die ähnlich wie Filmwerke geschaffen werden; 7. Darstellungen wissenschaftlicher oder technischer Art, wie *Zeichnungen, Pläne, Karten, Skizzen, Tabellen* und plastische Darstellungen." (§ 2 – Herv. N.F./J.St.)

Wovor ist ein Werk geschützt? Der Schutz bezieht sich auf die *Vervielfältigung* und die *Verbreitung* eines Werkes: Wer das Werk eines Autors vervielfältigt oder verbreitet, braucht die Genehmigung dieses Autors oder des Nutzungsrechtsinhabers. Was ist unter *Vervielfältigung* und die *Verbreitung* zu verstehen?

Vervielfältigung (§ 16)

Der Download eines Bildes (oder einer Web-Seite) ist urheberrechtlich betrachtet eine Vervielfältigung.

Ein Download ist dann zulässig, wenn er ausschließlich zum *privaten* oder sonstigen *eigenen* Gebrauch geschieht. Im § 53 des UrhG heißt es:
„(1) Zulässig ist, einzelne Vervielfältigungsstücke eines Werkes zum privaten Gebrauch herzustellen.

(2) Zulässig ist, einzelne Vervielfältigungsstücke eines Werkes herzustellen oder herstellen zu lassen
1. zum eigenen wissenschaftlichen Gebrauch, wenn und soweit die Vervielfältigung zu diesem Zweck geboten ist, 2. zur Aufnahme in ein eigenes Archiv, wenn und soweit die Vervielfältigung zu diesem Zweck geboten ist und als Vorlage für die Vervielfältigung ein eigenes Werkstück benutzt wird, 3. zur eigenen Unterrichtung über Tagesfragen, wenn es sich um ein durch Funk gesendetes Werk handelt, 4. zum sonstigen eigenen Gebrauch, a. wenn es sich um kleine Teile eines erschienenen Werkes oder um einzelne Beiträge handelt, die in Zeitungen oder Zeitschriften erschienen sind, b. wenn es sich um ein seit mindestens zwei Jahren vergriffenes Werk handelt.

(3) Zulässig ist, Vervielfältigungsstücke von kleinen Teilen eines Druckwerks oder von einzelnen Beiträgen, die in Zeitungen oder Zeitschriften erschienen sind, zum eigenen Gebrauch
1. im Schulunterricht, in nichtgewerblichen Einrichtungen der Aus- und Weiterbildung sowie in Einrichtungen der Berufsbildung in der für eine Schulklasse erforderlichen Anzahl oder
2. für staatliche Prüfungen und Prüfungen in Schulen, Hochschulen, in nichtgewerblichen Einrichtungen der Aus- und Weiterbildung sowie in der Berufsbildung in der erforderlichen Anzahl herzustellen oder herstellen zu lassen, wenn und soweit die Vervielfältigung zu diesem Zweck geboten ist.

(6) Die Vervielfältigungsstücke dürfen weder verbreitet noch zu öffentlichen Wiedergaben benutzt werden. Zulässig ist jedoch, rechtmäßig hergestellte Vervielfältigungsstücke von Zeitungen und vergriffenen Werken sowie solche Werkstücke zu verleihen, bei denen kleine beschädigte oder abhanden gekommene Teile durch Vervielfältigungsstücke ersetzt worden sind.

(7) Die Aufnahme öffentlicher Vorträge, Aufführungen oder Vorführungen eines Werkes auf Bild- oder Tonträger, die Ausfüh-

rung von Plänen und Entwürfen zu Werken der bildenden Künste und der Nachbau eines Werkes der Baukunst sind stets nur
mit Einwilligung des Berechtigten zulässig."

Verbreitung (§ 17)

Die Verbreitung – das schließt die Verwertung ein – des herun-
tergeladenen Bildes ist ohne ausdrückliche Genehmigung des
Urhebers unzulässig. Sie dürfen also beispielsweise dieses Bild
nur mit Genehmigung des Urhebers bzw. desjenigen, der im
Besitz der Verwertungsrechte des Urhebers ist,

- auf der eigenen *Homepage*, veröffentlichen,
- in eine *Powerpoint-Präsentation* einbinden, die Sie Studierenden in einem Seminar vorführen (§ 19, 4 UrhG),
- in einen *Text* einbinden und ausdrucken, den Sie an Studierende verteilen.

Die Ausnahme: Privat und kommerziell frei nutzbar sind alle
Bilder, bei denen der urheberrechtliche Schutz erloschen ist.
Dies ist 70 Jahre nach dem Tod des Urhebers der Fall.

6 PowerPoint: Ein nützliches Werkzeug

PowerPoint ist populär. PowerPoint hat – begünstigt durch die zunehmende Verbreitung des Beamers – in einem Triumphzug in vielen Besprechungs- und Tagungsräumen, Fortbildungs- und Lehrveranstaltungen Einzug gehalten. Bei *Google* kann man sich einen Eindruck davon verschaffen, dass mittlerweile viele Dozentinnen und Dozenten ihre PowerPoint-Folien weltweit zum Download anbieten. PowerPoint ist (und bleibt vermutlich lange Zeit) *der* Präsentationsstandard.

PowerPoint wurde für Menschen entwickelt, die Waren oder Dienstleistungen an den Mann oder die Frau bringen wollen. Dieses Programm wurde nicht kreiert, um in der Schule, der Hochschule oder in der Weiterbildung Wissen zu vermitteln, zum Denken anzuregen usw. Diese Wurzeln von PowerPoint sind der Grund dafür, dass bei dieser Software so großen Wert auf die Form gelegt wird, in der ein Sachverhalt dargestellt wird, dass Formen und Farben eine sehr dominante Rolle einnehmen. Doch auch dann, wenn es nicht ums Werben und Verkaufen geht, lässt sich dieses Programm sinnvoll nutzen.

Wir gehen auf den nächsten Seiten zunächst die PowerPoint-Vorzüge ein und geben dann einige Empfehlungen für einen angemessenen Umgang mit PowerPoint (im Folgenden PP abgekürzt).

6.1 Die Vorzüge von PowerPoint

Der PP-Erfolg ist nicht allein der Tatsache zu verdanken, dass diese Software zum Microsoft Office-Paket gehört, sondern auch der Qualität des Programms: PP
- leistet für die Gestaltung von Folien mehr als jedes Textverarbeitungsprogramm,
- ermöglicht eine komfortable Folien-Präsentation und
- ist leicht zu lernen[1].

---

1 Bereits nach einer zwei- bis dreistündigen Einführung in die PP-Grundlagen ist man in der Lage, ansehnliche Folien zu erstellen. Eine solche Einführung sollte

Mit PP lassen sich mit einiger Routine problemlos gute Folien (und Poster) herstellen und präsentieren. Eine Folien-Präsentation kann auf einem digitalen Datenträger (DVD, CD-ROM) als selbstablaufende Präsentationen dem Publikum zur Verfügung gestellt werden (auf den PCs des Publikums muss PP nicht installiert sein). Sehr nützlich sind zudem die Möglichkeiten, Handouts und Notiz-Zettel zu produzieren (mehr dazu Seite 129ff.) sowie Folien bzw. eine Folien-Präsentation in einen *Word*-Text umzuwandeln.

Bilder integrieren und bearbeiten

In PP-Folien können Bilder in den gängigen Formaten (JPG, WMF, TIF, GIF, BMP usw.) problemlos an der gewünschten Stelle platziert werden. Man ist, anders als beispielsweise bei

Abbildung 63: Bildbearbeitung mit *PowerPoint*

in Anspruch genommen werden, um die Grundstruktur von PP kennen zu lernen und für die weitere autodidaktische Vertiefung gerüstet zu sein.

Word, nicht mehr an die „Absatzmarke" gebunden. Wer einmal versucht hat, Bilder in ein Word-Dokument zu integrieren und an diese Bilder links oder rechts einen Text anzuschließen, weiß, wie mühsam das ist.

Pixel-Bilder können in PP in geringem, in der Regel aber hinreichendem Umfang bearbeitet werden. Möglich ist: Skalieren, Zuschneiden, Kontrast- und Helligkeitssteuerung und das Umwandeln eines Farb- in ein Graustufen-Bild.

Darstellungen dynamisieren

PP bietet komfortable Möglichkeiten, einen Sachverhalt oder Vorgang sukzessive ins Bild zu setzen, Reden und Zeigen zu synchronisieren. Mit dem Programm können Sie ein Text- oder Bild-Objekt in der gewünschten Reihenfolge auf einer Folie bei Mausklick erscheinen lassen und festlegen, ob das Objekt wieder verschwindet oder sich von einem definierten Ort zu einem anderen Ort bewegt.

Ein Beispiel: Abbildung 64 (auf der nächsten Seite) zeigt schematisch den computernumerisch gesteuerten Waren-Importbereich eines Hochregallagers. Um zu demonstrieren, über welche Stationen die Ware in das Lager transportiert wird, bietet sich die PP-Funktion *Animation am Pfad* an. Die Folie besteht aus zwei Objekten: dem Bild des Waren-Importbereichs und dem Bild eines Warenpakets (Kreissymbol). Mithilfe der Pfad-Zeichenwerkzeuge im Menü *Benutzerdefinierte Animation/Animation am Pfad* wird der Weg der Ware gezeichnet und dabei jede Station als Haltepunkt gekennzeichnet, an dem die Ware stoppt bzw. sich auf Mausklick zur nächsten Station bewegt.

Sound und Videos integrieren

Stellen Sie sich vor, Sie sollten einem Publikum erklären, warum das Sound-Format *MP3* so populär ist. Sie können entweder ausschließlich verbal erläutern, dass dieses Format eine große Datenkompression ermöglicht, die mit keinem hörbaren Qualitätsverlust verbunden ist. Oder Sie veranschaulichen diese Tat-

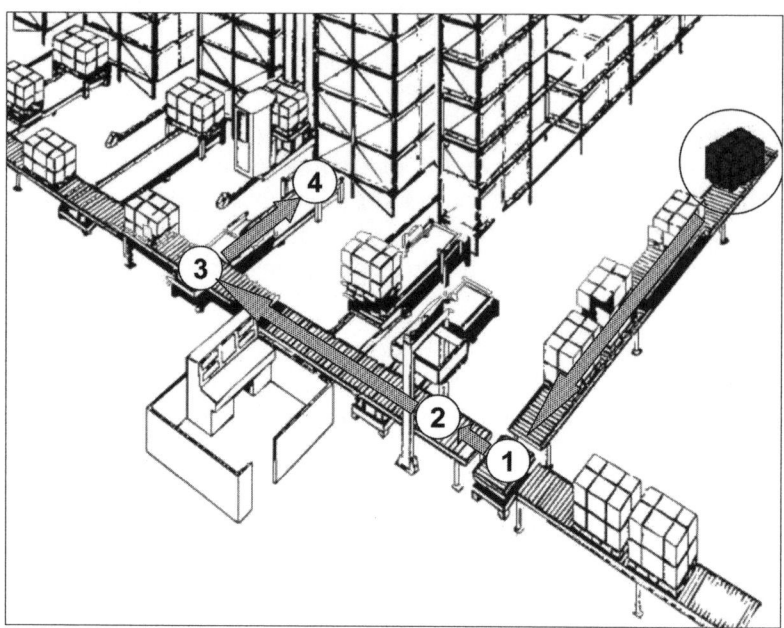

Abbildung 64: Beispiel für die Möglichkeit festzulegen, wie sich ein Objekt von einem Ort zu einem anderen bewegen soll *(Animation am Pfad)*

sache mit Frequenz-*Diagrammen* bzw. – besser noch – mit einer Hörprobe: Sie spielen ein Musikstück im *MP3*- und im *WAV*-Format vor. Mit PP ist das kein Problem. Akustische Objekte (Sound) lassen sich ebenso so einfach in eine Präsentation einbinden wie visuelle (Video) Objekte.

Diagramme integrieren

Das in PP integrierte Modul Microsoft Graph ermöglicht es, Linien-, Kreis-, Säulen- und Balken-Diagramme zu erstellen bzw. mit Microsoft Excel produzierte Diagramme zu integrieren und zu bearbeiten. Das Menü *Schematische Darstellung* bietet zudem die Möglichkeit, Organigramme, Radial-, Pyramiden-, Zyklus- und Venn-Diagramme zu erstellen.

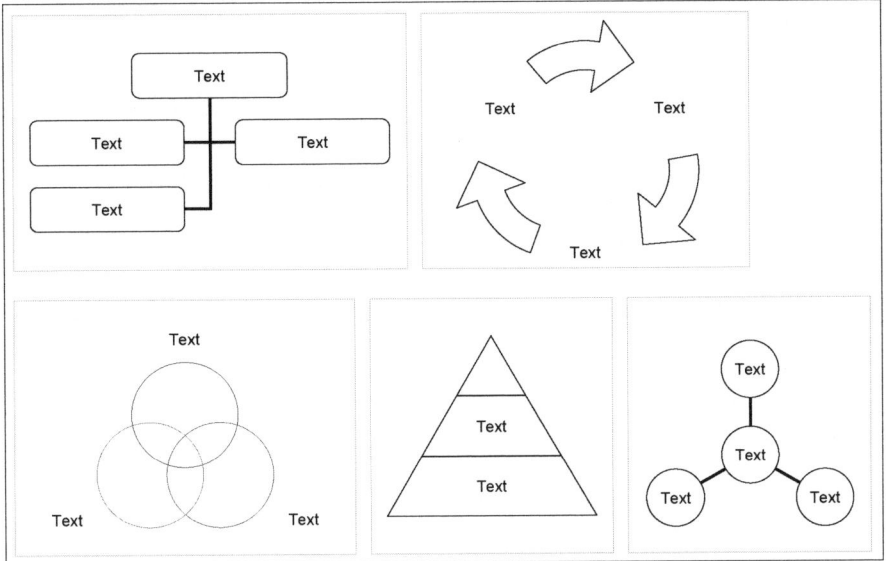

Abbildung 65: Diagramme im Menü *Schematische Darstellung*

Handouts erstellen

Mit der „Handzettel"-Funktion von PP können mühelos Handouts mit Verkleinerungen der Folien erstellt werden (mehr zum Handout Seite 84). Auf einer DIN-A4-Seite können zwischen einer und neun Folien abgebildet werden.[2]

Ein Ausdruck im „Handzettel"-Format sollte man sich auch bei einem freien Vortrag machen, um einen Überblick über die Folien-Abfolge zu haben.

Bei einem Ausdruck in der Variante „Drei Folien auf einer Seite" hat man Raum, um zu jeder der drei Folien einige Stichworte zu notieren. Die Handout-Funktion ist also ein nützliches Hilfsmittel für die Erstellung eines *Stichwort-Manuskripts*.

---

2   Neun Folien auf einer Seite sind nur dann akzeptabel, wenn die Größen der Schrift und der Abbildungen auf der Folie stimmen. Handouts mit nur drei Folien auf einer Seite sind nutzerfreundlich, denn sie lassen genügend Platz für Notizen.

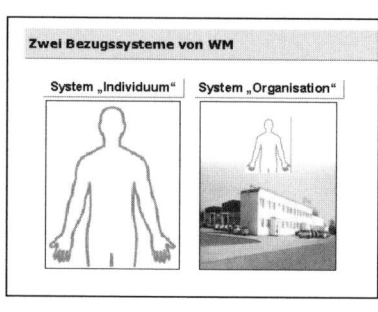

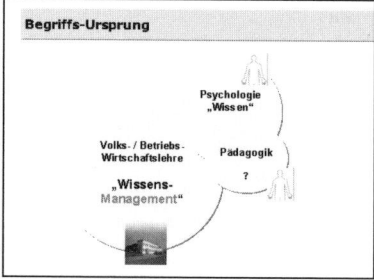

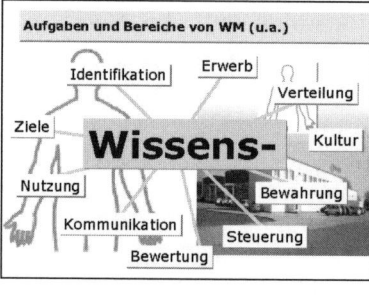

Abbildung 66: Handout mit 3 Folien

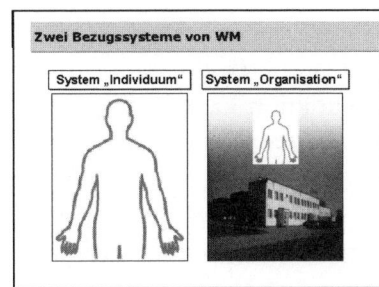
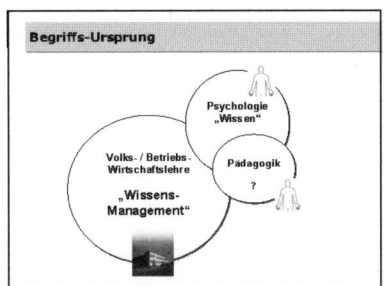
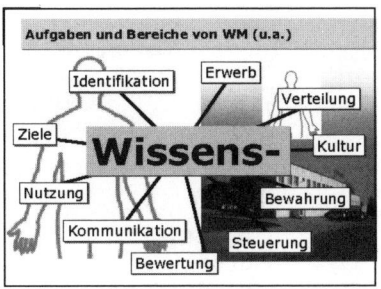

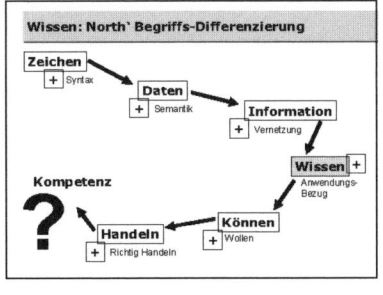
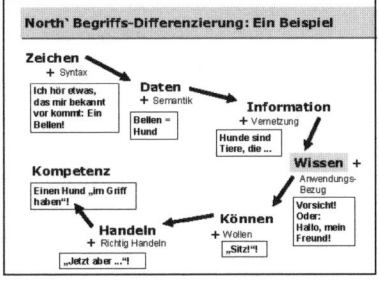

Abbildung 67: Handout mit 6 Folien

Ein Manuskript erstellen

Folien sind keine Gedächtnisstützen und kein Manuskriptersatz
(vgl. Seite 93). Mit der „Notiz"-Funktion kann man problemlos
ein Vortragsmanuskript erstellen: In der „Notiz"-Ansicht wird die

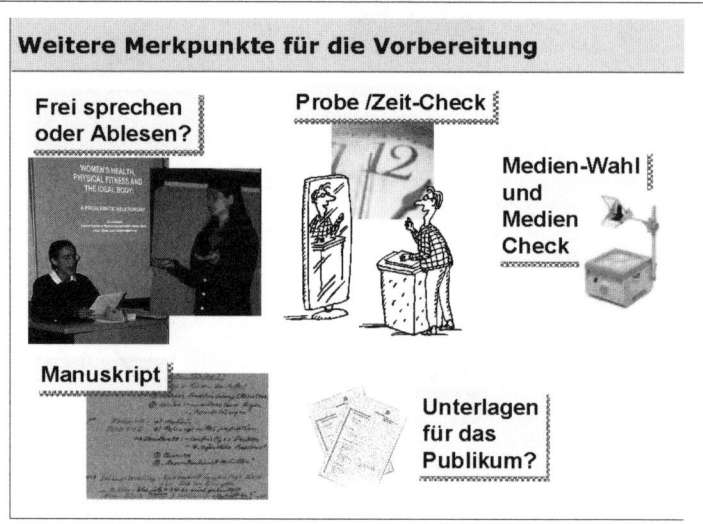

Proben

... ob Sie mit der **Zeit** auskommen oder wo Sie ggf. noch Kürzungsoptionen
anbringen müssen!

... ob das Skript alle **zentralen Begriffe** und **Verbindungen** erfasst oder Ihnen
zwischendrin etwas fehlt, was Sie dann noch ergänzen sollten!

... ob Sie alles **problemlos lesen** können!

... ob Sie anhand Ihres Skripts **flüssig sprechen** können oder ob Sie hier und
dort ausführlichere oder aber knappere Notizen benötigen!

... ob Sie sich anhand Ihres Skripts gut in Ihren **benötigten Medien
zurechtfinden**!

Gegen das Ableson eines ausformulierten Referats spricht: Wer abliest
... hat keinen Kontakt zum Publikum!
... ist durch Fragen oder Störungen leicht aus dem Konzept zu bringen!
... verliest sich leicht!
... verliert leicht den Überblick über den Gesamtzusammenhang der eigenen
Aussagen!

Wenn Sie ablesen. Unbedingt auf Folgendes achten:

Schreiben Sie ein REDE, keine SCHREIBE!

Abbildung 68: Notiz-Funktion

Folie automatisch auf die Hälfte eines DIN-A4-Blattes verkleinert (manuell kann sie noch weiter verkleinert werden). Die andere Hälfte des Blattes steht für Erläuterungen zu den Folien zur Verfügung.

Die „Notiz"-Funktion ist zudem nützlich, wenn man den Zuhörerinnen und Zuhörern ein Handout zur Verfügung stellen will, das neben den Folien auch den Vortragstext (oder die zentralen Passagen) enthält.

6.2 Visualisieren mit PowerPoint – Empfehlungen und Regeln

Damit die Vorzüge von PP zum Tragen kommen, sollten vier Grundregeln und acht Regeln des Visualisierungshandwerks berücksichtigt werden. Zunächst zu den Grundregeln.

Grundregeln

1. *Die Form folgt der Funktion*
   Im Vordergrund steht das, *was* Sie sagen wollen. Das *Was* bestimmt das *Wie* (vgl. Kapitel 3).

   Konsequenz: Ziele und Inhalt stehen im Vordergrund. Verzichten Sie auf jede Effekt-Hascherei (zu der PP ermuntert).

2. *Die Form erklärt die Funktion*
   Das *Wie* soll helfen, das *Was* für den Betrachter leichter verständlich zu machen. Die Bildsprache ist hierbei eine wichtige Hilfe.

   Konsequenz: Die Form muss das Ziel und den Inhalt didaktisch-methodisch unterstützen. Vermeiden Sie deshalb jeden Wechsel, der nicht inhaltlich begründet ist – Wechsel der Farbe, des Hintergrunds, der Schriftart, des Schriftschnitts, von Farbverläufen, Schattierungen, Rastern, Umrandungen usw. Jeder Wechsel in Farbe, Typografie, Schrift „verführt" die Betrachter zu der Vermutung, mit einem *formalen* Wechsel sei eine *inhaltliche* Bedeutung verbunden.

3. *Die Form repräsentiert die Funktion*
   Wie der Inhalt dargestellt wird, ist keineswegs gleichgültig. Eine formal schlechte Präsentation kann dazu führen, dass das Publikum die Inhalte der Präsentation abwertet.

   Konsequenz: Die Form muss Ziel und Inhalt ästhetisch unterstützen. Wählen Sie deshalb Farben, Formen, Hintergründe, Verläufe, Effekte usw. mit großer Sorgfalt aus. Es gilt der Grundsatz: „Weniger ist besser." Ihr Publikum möchte etwas über Ihr Thema bzw. Anliegen erfahren. Es möchte sich nicht den Kopf darüber zerbrechen, ob zum Beispiel die Vielfalt farblicher, typografischer und dynamischer Effekte eine inhaltliche Bedeutung hat.

4. *Die Form repräsentiert den Präsentierenden und die Präsentierende*
   Mit der Form, in der wir etwas darstellen, sagen wir nicht nur etwas über Ziele und Inhalte aus, sondern immer auch etwas über uns selbst. Wir teilen etwas über unseren Geschmack, unser ästhetisches Empfinden mit, und wir demonstrieren unsere Fähigkeit, mit dem Werkzeug PP umzugehen.

   Konsequenz: Die Form muss Sie unterstützen. Verzichten Sie vor allem auf alle farblichen und typografischen Gestaltungselemente, auf ikonische oder symbolische Bildelemente, auf dynamische Effekte, die bei Ihrem Publikum auf Unverständnis oder Ablehnung stoßen.

Regeln des Visualisierungshandwerks

Lesbarkeit, Erkennbarkeit

Es gibt keinen vernünftigen Grund, etwas zu präsentieren, das nicht les- oder erkennbar ist. Doch im Präsentationsalltag ist diese Unsitte häufig zu beobachten: Texte und Bilder werden aus Zeitschriften und Büchern eingescannt und in ihrer Ursprungsgröße projiziert (bei Texten aus Printmedien entspricht die Schriftgröße in der Regel 10 Punkt). Texte in dieser Schriftgröße sind in großen Räumen nie lesbar und selbst in kleinen Räumen eine Zumutung. Bei Zahlenbildern sind in der Regel die Kurvenverläufe, die Höhe der Balken, die Größe der Kreissegmente erkennbar, aber nicht die Achsenbeschriftungen.

Regel 1
Inhalte, die aus einem Printmedium übernommen werden, müssen in der Regel bearbeitet werden, damit sie auch in einem Projektionsmedium „eine gute Figur" machen.

Regel 2
Es gibt keine „Ausreden", die ein Abweichen von Regel 1 rechtfertigen, auch wenn es derer viele gibt:
– der kleine Raum, in dem angeblich alle alles gut lesen können;
– der Hinweis, dass man das, was man zeigt, eigentlich gar nicht erkennen müsse, weil dem Publikum die Folien als Handout vorlägen und es also nur um eine „grobe Orientierung" ginge;
– der Ausrede, das Publikum müsse alles (den „Gesamtzusammenhang") sehen, damit es verstünde, was man zu erklären beabsichtigt;
– die Entschuldigung, die Folie sei eigentlich sowieso nicht so wichtig.

Es gibt noch weitere schlechte Ausreden. Wer professionell präsentieren will, sollte keine gelten lassen: Was Sie zeigen, muss lesbar bzw. erkennbar sein.

Textmenge

Sie dürfen aus Ihrem Publikum (Ihren *Zuhörern und Zuschauern*) keine „Zu*leser*" machen. Der Präsentationslaie zeigt Textfolie auf Textfolie – und jede Folie enthält zu viel Text und gibt den Betrachterinnen und Betrachtern ein enormes Lesepensum auf.

Regel 3
Präsentieren Sie keine Sätze, sondern nur *Schlüsselbegriffe* bzw. Satzgerüste, in denen diese Schlüsselbegriffe eingebettet sind. Ihr Publikum will keine an der Wand oder eine andere Fläche projizierte Texte *lesen*. Ihr Publikum möchte das, *was Sie* sagen und zeigen *hören* und *sehen*. Deshalb: Beschränken Sie sich auf wenige *Textzeilen*.

Regel 4

Machen Sie aus Ihrer Präsentation keine „Textzeilen-Show" nach dem Motto „Mausklick ... Textzeile 1 ... Mausklick ... Textzeile 2 usw. ... nächste Folie usw." Prüfen Sie,

- ob jede Textzeile wirklich notwendig ist, Ihr Anliegen unterstützt;
- ob und wie sich eine Zeile „Text" *veranschaulichen* lässt.

Informationsmenge

„The Magical Number Seven plus or Minus Two" – lautet der Titel eines Aufsatzes, der in den 50er Jahren in einer wissenschaftlichen Zeitschrift für Psychologie erschien. In diesem Beitrag weist der Psychologe George Miller die Begrenztheit unseres Kurzzeitgedächtnisses nach. Sieben (plus oder minus zwei) Informationen können vom Kurzzeit- in das Langzeitgedächtnis transferiert werden. „Der Rest ist weg."[3] Oder anders ausgedrückt: Wir können „dem ersten Blick" unseres Publikum jede Menge Informationen zeigen; behalten wird es bestenfalls sieben; realitätsgerechter ausgedrückt: nur einige wenige.

Regel 5

Weniger ist mehr. Wer zu viel zeigt, verfehlt den Sinn des Visualisierens, das Aufnehmen und Behalten zu unterstützen (vgl. Kapitel 1).

Wer zu viele Informationen zeigt, kann nicht die Aufmerksamkeit auf das lenken, was wichtig ist. „Hören und Sehen", so der Lernpsychologe Steffen-Peter Ballstaedt, vergehen dem Publikum nie. Allerdings hängt das, was es hört und was es sieht (und behält), davon ab, was dargeboten wird. Und je mehr gesagt und gezeigt wird, desto geringer ist der Einfluss auf die Auswahl des Publikums, auf die Entscheidung, was als wichtig erachtet wird.

---

3   George A. Miller: The Magical Number Seven, Plus or Minus Two: Some Limits on Our Capacity for Processing Information. The Psychological Review, 63, 1956, S. 81-97.

6.3 Damit PowerPoint nicht zur Plage wird

Es wird gezeigt, was gesagt wird. Das ist das Grundübel vieler PP gestützter Referate bzw. Vorträge und eine Zumutung für jedes Publikum. Wer vorliest, was auf den Folien steht, steht mit beiden Beinen im größten Präsentationsfettnapf. In vielen Zusammenhängen hat sich die Praxis durchgesetzt, Folien vorzulesen. Und es haben noch mehr Präsentationsunsitten um sich gegriffen – vor allem die Mottos „Viel Lärm um Nichts" und „Animieren bis zum Abwinken". Einige Beispiele – manche notgedrungen im Medium Sprache.

- Vorlagen 1: Viel Lärm um Nichts
  Schwarzer Hintergrund. Links ein großer Balken (orangefarben) und oben ein grüner – ebenso dicker – Balken. Eine Überschrift und in der Mitte zwei Textzeilen (weiße Schrift), beide mit einem dicken Blickfangpunkt verbunden.

- Vorlagen 2: Was hat die Form mit dem Inhalt zu tun?
  Knallbunter Hintergrund, links eine Leiste mit Luftballons. Oder: Der Hintergrund sieht aus wie eine grüne Wiese. Das Überschriftenfeld wird von Schmetterlingen umrankt. Der Folien-Hintergrund ist violett.

Die Zahl solcher PP-Vorlagen ist groß. Alles, was man zeigen möchte, kann man mit Formatvorlagen zeigen, die nichts mit dem Inhalt zu tun haben, die vom Inhalt ablenken. Alles Nonsens.

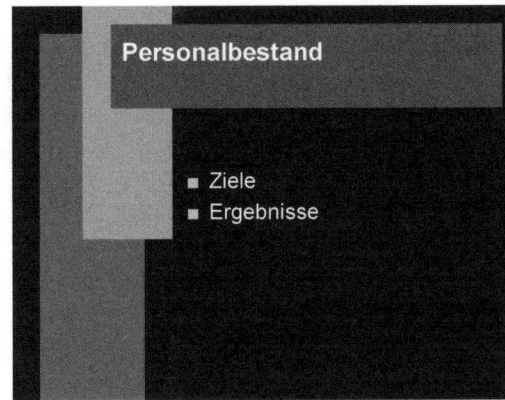

Abbildung 69: PP-Design-Schnickschnack

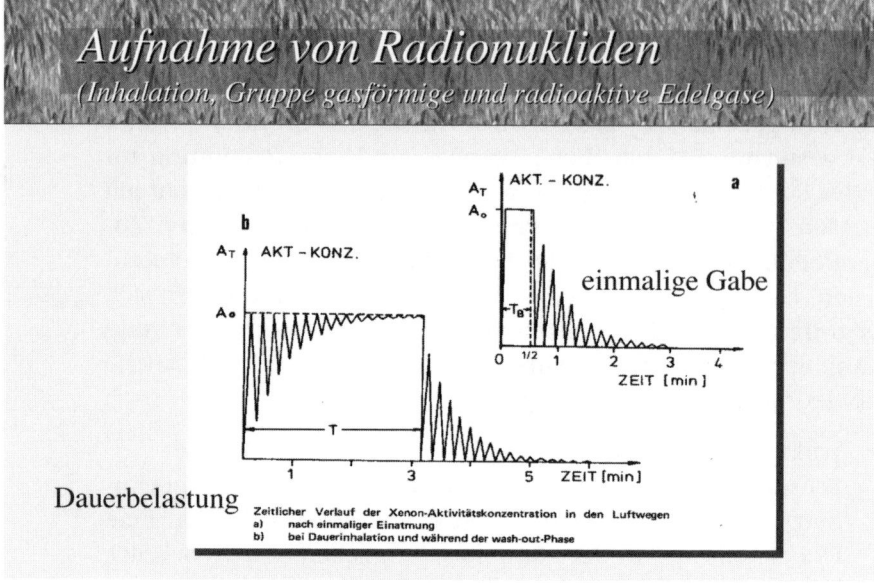

Abbildung 70: Noch mehr PP-Design-Schnickschnack

Regel 6
Gestalten Sie Ihre *eigenen* Vorlagen – Vorlagen, die Ihren Zielen und Inhalten entsprechen. Wählen Sie den Hintergrund Ihrer Folien, die Schrift, das Aussehen der Titel- und Fußzeilen usw. selbst.

- *Textzeilen-Folie: Wo* und *wie* kommt die Textzeile her?

  Zeile eins „erscheint". Zeile zwei bewegt sich von rechts (ganz langsam) ins Bild. Zeile drei kommt von links (aber erheblich schneller). Zeile vier fällt von oben und Zeile fünf schiebt sich von unten in den Textbereich.

  Oder: Zeile eins betritt die Bühne des Textbereichs im „Bumerang"-Effekt. Zeile zwei baut sich – begleitet von Schreibmaschinen-Geklapper – buchstabenweise auf. Zeile drei und alle weiteren Zeilen erscheinen in ebenso spektakulärem Auftritt.

  PP offeriert unter den Titel „einfach", „spezial", „angemessen" und „aufregend" im Menü „Benutzerdefinierte Animation" unter der Rubrik „Eingangseffekte" viel Unsinn, der in einer seriösen Präsentation nichts zu suchen hat.

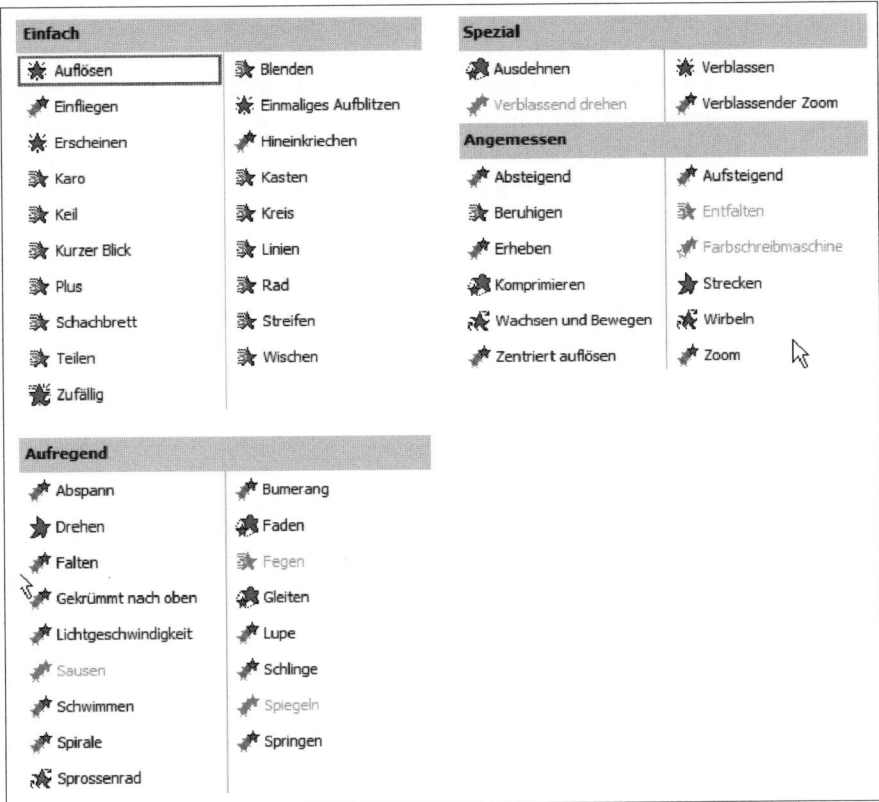

Abbildung 71: Unsinnige „Effekte"

Regel 7
Verzichten Sie auf alle *Dynamisierungseffekte*. Lassen Sie bei
dynamisierten Folien jedes Element nur *„erscheinen"*. Vermeiden Sie alle anderen Effekte, die Ihnen PP anbietet.

- Animierte Bilder
  Blickfangpunkte, die rotieren; „Smilies", die alle möglichen
  Botschaften senden; glitzernde, leuchtende, sich in vielfäl-
  tiger Form bewegende Bildobjekte – auch das ist im PP-An-
  gebot und überflüssig.
  Alle bewegten Objekte ziehen die Aufmerksamkeit der
  Betrachter auf sich und zwar unabhängig vom semantischen
  Gehalt des Objekts. Mit solchen bewegten Objekten sollte

man deshalb sehr sparsam und vor allem immer sachangemessen umgehen.

Für einen Kindergeburtstag mögen animierte Bildchen angemessen sein. Ein rotierender Blickfangpunkt hat in einer Präsentation ebenso wenig zu suchen wie schillernde Linien, aufsteigende Luftballons oder anderer Unsinn.

- Folien-Übergänge
  Wer mit dem OH-Projektor vertraut ist, kennt die Situation: Man nimmt eine Folie vom Projektor und legt die nächste auf. PP bietet die Möglichkeit, Folien-Übergänge mit Spezialeffekten zu versehen („Glatt ausbleichen", „kreisförmig", „karoförmig" usw.). Verzichten Sie auf diese Spielereien.

Regel 8
Verzichten Sie auf alle *Folien-Übergangseffekte*. Eine Folie folgt – schlicht – der anderen. Es gibt keinen sachlichen Grund, dies „effektvoll" zu gestalten.

Microsoft hat ein gutes Werkzeug für Präsentationen bereitgestellt – es kommt darauf an, es vernünftig zu nutzen.

Abbildungsverzeichnis

Abbildungsnachweis

3: Abb Martin Hartmann, Rüdiger Funk, Horst Nietmann: Präsentieren. Weinheim, Basel 3. Aufl. 1995, S. 109; 4: dpa; 5: dpa; 6: Quelle: Marie Marcks: Krümm dich beizeiten. Heidelberg. 3. Aufl. 1980, S. 82

Register